教育部高等学校高职高专测绘类专业教学指导委员会“十二五”规划教材

变形观测技术

主　编　邹自力　熊助国
副主编　陈本富　吕开云
主　审　李长青

黄河水利出版社
·郑州·

内 容 提 要

本书为教育部高等学校高职高专测绘类专业教学指导委员会“十二五”规划教材。全书主要内容包括绪论、变形观测系统的设计、工程建筑物变形测量、变形观测数据处理、变形观测资料整理与变形分析、几类典型工程变形监测及数据采集自动化、变形监测信息系统等内容，并通过许多有特色的实例，对理论和方法进行了较充分的论证。这些内容较全面地反映了变形观测的基础知识、基础理论和基础方法，具有较强的理论性和实用性。

本书可作为高等职业院校测绘工程专业的教材，还可供实际测量工作者、建筑工程设计等有关技术人员参考使用。

图书在版编目(CIP)数据

变形观测技术/邹自力，熊助国主编．—郑州：黄河水利出版社，2012.8 （2023.3 重印）

教育部高等学校高职高专测绘类专业教学指导委员会“十二五”规划教材

ISBN 978-7-5509-0257-2

Ⅰ.①变… Ⅱ.①邹… ②熊… Ⅲ.①变形观测-高等职业教育-教材 Ⅳ.①P223

中国版本图书馆 CIP 数据核字(2012)第 097627 号

策划编辑：陶金志　电话：0371-66025273　E-mail：838739632@qq.com

出 版 社：黄河水利出版社　网址：www.yrcp.com

地址：河南省郑州市顺河路黄委会综合楼 14 层　邮政编码：450003

发行单位：黄河水利出版社

发行部电话：0371-66026940、66020550、66028024、66022620(传真)

E-mail：hhslcbs@126.com

承印单位：河南承创印务有限公司

开本：787 mm×1 092 mm　1/16

印张：10.25

字数：250 千字

版次：2012 年 8 月第 1 版　印次：2023 年 3 月第 4 次印刷

定价：29.00 元

教育部高等学校高职高专测绘类专业教学指导委员会
“十二五”规划教材审定委员会

序　一

职业教育是为我国国民经济建设和发展作出重要贡献的教育类型。近20年来，我国高职高专教育得到了迅速发展，可以说现在已经占据了我国高等教育的半壁江山。特别是近几年来，被定位于“以就业为导向”的职业教育，为国家第二、第三产业的发展培养出了大批技能型高端人才，为国家的经济建设和社会发展，以及为我国建成世界第二大经济实体国家发挥着积极的作用，并作出了重要贡献。其中，我国测绘类高职高专教育及其人才培养同样取得了巨大的进展。为了不断推动测绘类高职高专人才培养工作的建设、改革和发展，2004年教育部委托国家测绘局组建和管理高等学校高职高专测绘类专业教学指导委员会，并作为一个分委员会隶属教育部高等学校测绘学科教学指导委员会。分委员会成立后即开展了高职高专测绘类专业设置的研制，继而规划、组织了“十五”规划教材的编写，并经过教材审定委员会严格审定后，经协商确定，该套教材统一由黄河水利出版社出版。“十五”规划教材的按期出版和投入使用，满足了高职高专测绘类专业的教学需求，起到了有力的教学保障作用，收到了良好的效果。

2006年教育部提出，高等学校高职高专专业教学指导委员会(包括测绘类专业)独立设置开展工作，并由教育部高教司直接管理。在此期间，教学指导委员会按照教育部的要求开展了“高职高专测绘类专业规范”和“高职高专测绘类专业教学基本要求”的研制和上报工作。为了适应当前国内外测绘技术的新进展和经济社会发展对高职高专人才培养的新要求，高等学校高职高专测绘类专业教学指导委员会重新规划并组织“十二五”规划教材的编写和出版。新一批成套的规划教材是按照教育部的要求，依据“高职高专测绘类专业规范”和“高职高专测绘类专业教学基本要求”的规定编写而成的，此套教材仍然按照第一批规划教材出版协议，由黄河水利出版社统一出版。希望本套教材能在高职高专测绘类专业的人才培养中发挥更好的作用。借此机会，再次对黄河水利出版社长期给予高职高专测绘类专业人才培养工作的支持表示衷心的感谢！

虽然有“十五”规划教材的基础，也有了20年来高职高专测绘类专业人才培养的成绩和经验，但是在高职高专人才培养中仍存在地区和行业的差异，以及其自身的特点。既是规划教材，我们希望有测绘类专业的高职高专院校能在教学中使用这套教材，并在使用中发现问题，提出意见，以便今后教材的修订和不断完善。

教育部高等学校测绘学科教学指导委员会主任委员

中国工程院院士

2011年12月10日　于武汉

序　二

近年来，我国高等职业教育蓬勃发展，测绘高等职业教育也随之大发展。目前，已有120余所高职院校设立了测绘类专业，每年有数万名在校生就读，有上万名测绘类专业的高职高专毕业生走向测绘与地理信息生产一线岗位，以及为相关行业部门提供测绘与地理信息保障的服务岗位。测绘类专业应用性技能型高端人才的培养，显现出招生、就业两旺的良好发展态势。

人才培养的教育教学工作，需要有教材的基础支持。早在2004年，教育部高等学校测绘学科教学指导委员会主任委员、中国测绘学会教育委员会主任委员、中国工程院院士宁津生倡导并亲自规划和组织，由教育部高等学校测绘学科教学指导委员会组织落实编写全国第一套测绘类专业高职高专规划教材。教材编写得到了各院校教学一线老师们的积极响应和支持。教材编写出版的整个过程，得到了宁津生院士等老专家的全程关心、支持和帮助。在初稿完成后，由宁津生院士任主任委员、陶本藻教授和王侬教授任副主任委员组成的教材编写审定委员会，对初稿进行了一一审查，并提出了修改意见，经主编修改再次审查通过后，经过审定委员会同意后出版。宁津生院士亲自和黄河水利出版社进行了商议，并达成协议，由黄河水利出版社给予支持和帮助，并承担出版任务。经过共同努力，教材按期出版和投入使用。该套在中原大地母亲河边出生的教材成为了我国高职高专测绘类专业整体规划设计的第一套教材，为高职高专测绘类专业人才培养发挥了基础性作用，改写了测绘高职高专教育没有成套教材的历史。该套教材受到了各院校的热烈欢迎，并得到了广泛的使用，其中的不少种教材由教育部批准成为了国家级“十一五”规划教材。

近年来，测绘新技术的应用发展迅速，测绘生产技术平台不断提升，需要迅速将测绘新技术引进课堂、引进教材；在教育部的大力推动下，对应用性技能型高端人才培养从实践到教育理论都进行了广泛而深刻的探索，并得到了新的经验。以系统化职业能力构建为本位，以与之相适应的理论知识为基础，走校企合作的道路，用工学结合的模式，以系统化的工作过程和项目为载体，追求实现人才培养的“知行合一”的目标，这样的教育思想得到了广泛的认可，并在人才培养中得到应用。培养出来的高职人才以其对就业岗位较强的切入能力、较好的适应能力和较高的职业发展能力逐渐得到社会的认可。

同时，经济、技术和社会的发展，对高职人才的培养也提出了新的要求。教育部高等学校高职高专测绘类专业教学指导委员会和黄河水利出版社遵照协议，共同商议组织高职高专测绘类专业“十二五”规划教材的编写和出版。在策划和组织的时候，教育部组织研制的专业规范和教学基本要求已经完成，这为教材的编写奠定了基础。教育部高等学校高职高专测绘类专业教学指导委员会期望通过编写团队、专家和出版社的共同努力，立足已有基础，高水平编写并按期出版新一套规划教材，希望各院校积极使用新编“十二五”规划教材，让教材为促进高职测绘教育的可持续科学发展发挥积极作用。

衷心感谢宁津生院士、陶本藻教授、王侬教授对高职高专测绘类专业人才培养工作一路走来的支持、关心和帮助！衷心感谢为本套教材的编写付出了心血的每一位老师！感谢黄河水利出版社为本套教材的出版而默默付出的每一位同志！

尽管有了良好基础，但由于地区、装备水平、服务行业等的差异，以及各院校老师对课程教学组织的个性化设计，对教材会有不同的要求，因此希望各院校在教材使用过程中能发现问题，提出意见，以便今后教材的修订和完善。

教育部高等学校高职高专测绘类专业教学指导委员会主任委员

赵文亮

2011年12月6日　于昆明

前　言

本书是教育部高等学校高职高专测绘类专业教学指导委员会“十二五”规划教材，是根据教育部高等学校高职高专测绘类专业教学指导委员会制定的高职高专测绘类教材编写规划编写的。

变形测量是各种测量技术的综合，是监测变形体安全的重要手段之一，20 世纪 80 年代以来，变形测量这一边缘学科获得了引人瞩目的发展。随着工程施工技术的飞速发展，工程建筑物变形观测逐渐成为工程设计、施工、运营的耳目。因此，变形测量的基本理论、方法及技术的研究显得特别重要。

变形测量是一门综合性极强的边缘学科技术，它以土力学、结构力学、测绘技术及工程设计理论和方法等学科为理论基础，以现代高新测绘仪器、传感器、计算机、监测技术等相关技术为支持，同时针对每一个具体工程项目的分析研究而形成系统特色。因此，它具有实用性和科学性。实用性方面是指通过对工程建筑物的施工、运营期间的变形测量，了解其形变状态，从而指导施工和运营，以保证施工质量和运营安全。科学性是指通过变形测量资料的数据整理和处理，在此基础上所进行的几何分析和物理解释，为工程建筑物设计方案的论证和完善提供理论依据。

在本书的编写过程中，我们本着“系统、恰当、实用、易懂”的编写指导方针，旨在方便读者循序渐进地进行学习，使之不仅能够适应新的教学改革的需要，而且具有比较广泛的读者，更好地为我国的经济建设服务。

本书全面阐述了变形观测的基础知识、基本理论、基本方法以及国内外目前已经成功利用的新理论、新方法和新技术等；并通过具有特色的实例，对理论和方法进行了较为充分的论证与运用。同时为了便于教学，每章均有思考题，便于读者学习与复习。

本书的编写人员及编写分工如下：邹自力编写第一、二、五、七章，熊助国编写第三、六章，陈本富编写第四章，吕开云编写第七章（部分）。本书由东华理工大学高等职业技术学院邹自力、熊助国两位教授担任主编，由陈本富高级工程师、吕开云副教授担任副主编，长江工程职业技术学院钟伟工程师、湖北国土资源职业学院张玉堂副教授参与了编写提纲的讨论。最后由邹自力教授负责对全书进行修改、统编和定稿工作。

全书完成后，由教育部高等学校高职高专测绘类专业教学指导委员会责成北京工业职业技术学院李长青教授进行认真细致的审稿，提出了许多宝贵的意见，修改后，通过了教育部高等学校高职高专测绘类专业教学指导委员会“十二五”规划教材审定委员会的审定，作为测绘学科的高职高专院校统编教材，供高等职业教育测绘类专业教学使用。在此，对李长青教授和教材审定委员会的各位专家表示感谢！同时对黄河水利出版社为本教材顺利出版给予的大力支持表示感谢！

对于教学而言，它适合于 36 学时左右的课程安排。学生通过对此教材的系统学习和训练，能够开展正常的变形观测工作，并可以解决一些常见的实际工作问题。对于实际工作者来说，它又是一本比较全面的变形观测技术参考书。

在本书编写过程中，参考了大量的国内外专业书刊和研究成果，在此向这些文献的作者表示感谢。

由于编者水平有限，书中难免存在一些不妥之处，恳请专家、同行、读者批评指正，以便进一步修改、完善。

编　者

2012 年 3 月

目　录

第一章　绪　论

一、概述

随着我国现代化建设的发展和现代化工业企业建设的需要,各种大型而复杂的工程建筑物将日益增多。工程建筑物在兴建和运营过程中,由于许多客观方面和主观方面的原因,致使工程建筑物发生沉降、位移、挠曲、倾斜和裂缝等现象。为了不影响建筑物的正常使用,保证生产安全,必须对工程建筑物进行变形观测。在我国,工程建筑物的变形观测还是一门比较年轻的科学,它是随着我国建设事业的发展而兴起的,在测量工程的实践和科学研究活动中占有重要的位置。

工程建筑物的兴建,从施工开始到竣工以及建成后整个运营期间都要不断地监测,以便掌握其变形情况并及时发现问题,保证工程建筑物的安全。人类抽取地下水,开采、开发自然资源的活动都会破坏地壳上部的平衡,造成地面变形。这种变形需要长期观测监视,以便采取措施控制其发展,保证人类正常的生产和生活。例如,在人口密集的地区大量抽取地下水,造成地面沉陷,地面不均匀的沉陷会引起建筑物和工业设施的损坏,地下采矿会引起矿体上方岩层的移动,严重的会造成地表滑坡和塌方,危及人民生命财产,需要监测;人们在城市下面、工业设施和交通干线下面、水体(河流、湖泊、海洋)下面采矿(称为"三下"采矿),这些对变形观测提出了更高的要求;地壳应力的长期累积造成地震,严重危及人类的生存,监视地壳的变形是预报地震的重要手段。

所谓"变形",是指工程建筑物由于某种原因而产生的位置、形状和大小的变化,被观测的工程建筑物称为"变形体"。而"变形观测"则是对变形体进行观测和分析的过程。具体地说,变形观测就是定期对变形体的有关几何量进行测量,并从观测成果中整理、分析出变形规律的整个过程。其目的就是要获得变形体产生变形的空间状态和时间特性,确定变形值的大小及稳定程度,同时解释变形的原因。

广义地讲,变形观测并不只局限于工程建筑物,可以以它严密的理论和灵活的方法应用于社会生产的许多部门。例如,用于大地构造研究和地震预报的大地变形测量(地壳形变测量)即是变形观测中极为活跃的一个分支。由于本教材编写目的的限制和专业特点,我们只将精力集中在对工程建筑物所进行的变形观测之上。因此,本书中除特殊声明外,所有变形观测均是指工程建筑物的变形观测。

变形观测与其他学科的关系十分密切。首先,作为工程测量在工程建设中的应用,其观测方法与工程测量特别是精密工程测量中的方法十分类似,如前方交会法、导线法、视准线法等;其次,由于变形分析的需要,它又必须借助于测量平差及其他近代数据处理技术,如回归分析、频谱分析、时序分析、随机过程等,另外,在对变形进行物理解释时,又要利用建筑设计、结构、力学等方面的知识;最后,为了观测到工程建筑物瞬间的变形,还必须采用摄影测量、自动化技术及计算机应用等技术。因此可以认为,变形观测是工程测量与其他有关学科结合形成的边缘学科。

二、变形观测的意义

在上述的概念中，我们使用了“变形观测”这一名词，而实际上变形观测是“安全监测”的同义语。近几十年来，变形观测在国内和国际上受到了普遍的重视。特别是 20 世纪 80 年代以来，变形测量这一边缘学科获得了引人瞩目的发展。

由于对工程建筑没有及时进行变形观测，造成重大损失的例子不计其数。例如，1963 年意大利 266 m 高的 Vajont 拱坝，库岸发生大滑坡，滑坡体以 25 ~ 30 m/s 的速度滑向水库，在 1 min 内共滑下 2.7 亿 ~ 3 亿 m^3 的土石方，使库中 5 000 万 m^3 的水被挤出，掀起 250 m 高的巨大水浪，淹没坝顶 100 m 高，在下游 1.6 km 的峡口处，仍有 60 m 高的巨浪，7 min 内就毁灭了一座城市和几个小镇，死亡 3 000 人。又如，1958 年 66 m 高的 Malpasset 拱坝，水库蓄水 300 万 m^3，在大坝崩溃时形成的洪水，以 36 km/h 的速度向下游倾泻，死亡人数达 400 人，造成经济损失 6 800 万美元。而在我国，仅 1973 年，全国竟发生 500 多起溃坝事故，1975 年的板桥、石漫滩大坝失事，洪水直捣淮河，使 150 万人口深受水灾之害。除这些恶性事故外，各种工程建筑物造成环境破坏而引起的灾害损失也时有发生。

同时，由于设置了安全监测系统，通过长期坚持观测和资料分析，及时对工程进行加固，或把事故消灭在萌芽之中，化险为夷的事例，国内外均有许多。如瑞士的 Zeuzie 拱坝，坝高 156 m，竣工后 20 多年运行正常，但于 1978 年的观测资料中突然发现异常，坝顶下沉 10 cm，拱座间距缩短 5 cm，拱冠顶向上游移动了 9 cm，超出了预计变形值 1 倍以上。发现异常后，泄放了水库中 90% 的蓄水，发现坝体已经产生裂缝。分析原因，得知是离大坝 1.4 km 处正在开挖的一条穿过阿尔卑斯山的公路隧道所致，当隧道工程停工后，坝体变形明显减小。我国自 20 世纪 50 年代初期就开始了对水库大坝的变形观测，而且所有的大型工程建筑物和危及人民安全的重点滑坡地段都定期进行了变形观测，对避免灾害起到了积极作用。例如，1984 年长江三峡地区发生了一次大滑坡，由于该地区进行了广泛的变形测量，对这次滑坡作了正确的预报，使滑坡体上 11 000 人在滑坡前一周搬离，避免了一场大灾难的发生；20 世纪 80 年代开始的对长江葛洲坝的变形观测是我国变形观测工作十分成功的典范。

在国际上，国际测量师联合会（FIG）于 1969 年在工程测量专业委员会中成立了变形观测及其自动化小组，并于 1978 年在波恩成立了“变形观测分析专门委员会”，以便在世界范围内进一步协调和加强变形观测及其成果分析的研究工作。

通过上述正反两方面的分析，我们可以得出明确的结论：对工程建筑物坚持长期而严密的变形观测，可以检查各种工程建筑物和地质构造的稳定性，及时发现问题，防患于未然；在科学上，还可以更好地了解变形的机制，验证有关工程设计的理论和地壳运动的假说，以及建立正确的预报变形的理论和方法。因此，变形观测的意义可以归纳为以下三个方面：

第一，由于各种因素的影响，工程建筑物在施工运营过程中都会产生变形。这种变形在一定限度内是允许的正常现象，但如果超过了规定的限度，就会影响建筑物的正常使用，严重的还可能危及建筑物的安全。因此，在工程建筑物的施工和运营期间必须对它进行变形观测，以确定或预测变形的大小及其对建筑物安全的影响。例如，建筑物地基沉降观测、高水位大坝位移观测等。这种观测是为了保证建筑物的安全，即所谓安全监测。

第二，由于土（地基）组成成分复杂、土力学对试验数据的依赖性很大，有必要在各地对大量不同基础形式的建筑物进行观测，以便为以后的设计积累资料，作为验证设计方法和修改、完善设计方案的依据。

第三，为了对某种新结构、新材料的性能作出科学的或客观的评价，需要在一个较短的时间内，在人工条件下让建筑物产生变形，以取得科学数据。此时，测量工作者要在短时间内以较高的精度测出一系列的变形值。

以上三个方面说明了对工程建筑物进行观测的必要性。历史的经验与教训已经很明确地告诉我们，加强变形观测的理论研究和实际工作是十分重要的。

三、引起变形的原因

各种工程建筑物都要求坚固稳定，以延长其使用年限。因此，了解可能引起变形的原因，对于变形观测系统的设计和变形观测成果的分析、解释都是十分重要的。引起变形的原因可以归纳为客观原因和主观原因两个方面。

(一)引起变形的客观原因

(1)荷重影响。当在砂土或黏土的地基上，兴建大型的现代化的厂房、高炉、水塔及烟囱时，由于荷重的增加，土壤被逐渐压缩，地基下沉，因而引起建筑物的变形。如某水泥厂贮藏库共有 10 个直径为 10 m、高度达 27 m 的筒库，总容量达 2. 4 万 t，贮库装料后，基础连续下沉，导致邻近车间框架梁板开裂，库区四周地面凹陷，两侧铁路专用线被迫停用。

(2)地下水影响。地下水的升降对建筑物的变形影响很大。例如，上海地区历年来的地面沉降资料表明，在 1969 年以前，地面沉降量的变化幅度很大，在 20 世纪 50 年代和 60 年代初，作为地面沉降观测点的城市水准点，其下沉量每年都达几厘米之多；又如北京市水准原点埋石深度为 10.5 m，近 10 多年来，发现其下沉 1 cm，且目前仍在下沉。

(3)地震影响。地震之后会出现大面积的地面升降现象。例如，1963 年 3 月的邢台地震后，有的地面升高 7 cm，有的地面则下降 30 多 cm。

(4)地下开采影响。由于地下开采，地面及其上建筑物变形现象比较严重。例如，本溪市由于采煤，造成个别地区地面下沉达 2 m 多。

(5)外界动力影响。爆破、重载运输和连续性的机械振动，也会引起建筑物的变形。例如，抚顺某锻钢车间在 5 t 的锻锤作用下，有四个角柱从 1966 年到 1969 年下沉了 5 cm。

(6)其他影响。地基土的冻融、建筑物附近附加荷重以及恶劣气侯(如台风)等的影响，都有可能引起建筑物的变形。例如，济南某厂烟囱高 44 m，底部直径为 5. 12 m，基础直径为 10. 22 m，埋深为 2. 8 m，自重为 950 t，由于在烟囱东侧增建 1 300 t 的锅炉房，导致烟囱向锅炉房方向严重倾斜。

(二)引起变形的主观原因

(1)地质勘探不充分。如没发现地基下的旧河道。

(2)设计的错误。例如，对土的承载力，各种荷载估计错误；对当地的地基土特性了解不够；套用其他地方的做法造成的错误，结构计算中的失误等。

(3)施工质量差。例如，地基基础处理不当，使用了较差的材料；砂石没有洗净或者水分过多或保养不当致使混凝土强度减弱等。

(4)施工方法不当。例如，软土上施工时由于没有处理好地下水或基坑壁的保护，引起显著的地面沉降和位移；打工程桩使近地面隆起而引起上面的建筑物变形；高大建筑物施工时没顾及大风的影响；钢结构施工时没顾及日照及气温变化的影响；巨大钢构件焊接时没注意保温，让灼热的焊缝过快冷却，从而产生巨大的热应力等不良后果等。

四、变形观测的特点

一般来说，变形观测具有如下特点：

(1)重复观测。计算变形量最简单、最基本的方法是计算建筑物上同一点不同时间的坐标差。这就说明了变形观测必须重复进行，其重复观测的周期取决于变形的大小、速度以及观测的目的。

(2)精度要求高。由于变形观测的成果直接关系到建筑物的安全，因此和其他测量工作相比，变形观测必须具有很高的精度，典型的精度是1 mm或相对精度1×10^{-6}。对于重要的建筑物(如大型的拦河大坝、粒子加速器等)，甚至要求以当时能达到的最高精度为标准进行变形观测。这是因为测量工作的成本与整个工程的造价相比是非常微小的。当然，对于一般的工程建筑物，精度方面的合理分析与设计仍然是必要的。

(3)综合应用了各种观测方法。就工程建筑物变形观测而言，目前主要综合应用了各种测量方法和技术，如几何水准、三角高程、方向和角度观测、距离测量等；摄影测量方法，如近景摄影测量和各种专门测量手段，如准直测量、倾斜测量、正锤装置、倒锤装置；GPS技术等。目前，在大地形变测量中，空间测量技术也已得到了较广泛的应用。

(4)要求用严密的数据处理方法。变形体的变形一般都较小，有时甚至与观测误差处在同一个数量级。另外，重复观测使变形观测的原始数据很多。在这种情况下，要有效地反映出真实的形变信息，就必须采用严密的数据处理方法。

(5)多学科的配合。在制定变形观测精度、优化设计变形观测方案、合理地分析变形观测成果、特别是进行变形的物理解释时，变形测量工作者必须熟悉所研究的变形体：研究地壳变形，需要有地球物理知识；研究工程建筑物的变形，需要有土力学、土木工程和工程结构方面的知识；研究变形的机制，需要力学方面的知识。可以说，变形测量是处于测绘学和地球物理、土木工程等学科边缘的一门学科。一个成功的变形测量工作者只有具备其他学科的知识，才能与其他学科方面的专家有共同语言，以求紧密地协作。

五、变形观测的发展

作为工程测量中极为重要的一个分支，变形观测在近几十年得到了迅速的发展。这主要体现在以下几个方面：

(1)观测手段方面。摄影测量技术、激光技术及自动化技术在变形观测中正在得到越来越广泛的应用。目前，国内对上述技术的应用都进行了成功的试验并已投入使用，未来的工作是如何进一步地推广。GPS定位技术已在区域性变形观测及大型工程变形监测中得到了应用(如清华大学运用GPS技术成功地对虎门大桥进行变形观测，武汉大学测绘学院运用GPS技术成功地对湖北隔河岩水库大坝进行水平位移观测)，其他如VLBI及卫星激光测距等空间技术在国外也已进行了一系列的试验，结果表明：这些方法对于监视地壳的板块运动等都是很有发展前途的。

(2)数据处理和分析方面。理论上更严密、实用上更合理的数据处理方法(如自由网平差、验后方差估计、抗差估计等)得到了越来越广泛的应用，而且这种趋势仍将长期保持下去，在这方面，除传统的假设检验、回归分析等建立在统计理论基础之上的方法和建立在力学、物理学基础之上的确定函数法外，其他新的方法也得到了试验和初步的应用。例如，模糊聚类分析的方法、灰色理论、人工神经网络进行变形分析。这些方法将为变形数据处理和分析带来新的生机。

(3)计算机应用方面。自从20世纪40年代美国制造出第一台计算机以来，计算机的应用在各行业一直以迅猛的速度发展，目前已渗透到社会生活的各个方面。在变形观测的各个环节，都发挥着积极的优势。在以下方面，国内已经取得了初步的、甚至具有一定水平的成果：①观测现场的自动控制；②外业观测数据的自动采集；③变形观测数据的处理和分析；④变形观测数据和成果的保存；⑤各类变形图件的绘制。

综上所述，我们可以认为：一种能综合各种经验、知识、情况和观测资料的变形分析专家系统将是未来计算机在变形观测应用中的发展方向。

思考题

1. 什么叫变形？什么叫变形观测？
2. 什么叫FIG？变形观测的意义是什么？
3. 变形产生的原因是什么？
4. 变形的分类有哪些？
5. 变形观测的特点是什么？
6. 变形观测的基本内容是什么？
7. 谈谈变形观测的发展方向。

第二章　变形观测系统的设计

变形观测是指定期对变形体的有关几何量进行测量，并从测量结果中整理、分析出变形规律的过程。其基本原理是：在变形体上选择一定数量的有代表性的点，通过对这些点的重复观测来求出几何量的变化。

变形观测的测量点一般分为基准点、工作点和观测点三类。

(1)基准点。由于测点的位置是变化的，为了求出这种变化，从理论上讲，还必须有一定数量的位置固定或变化甚小的点，我们将这些点称为基准点或简称为基点。基准点通常埋设在比较稳固的基岩上或在变形区以外，以尽可能长期保存和稳固。

(2)工作点，又称为工作基点。由于实际工作中，直接利用基点观测路线较远时误差容易积累等，此时，我们就要利用一些介于观测点和基点之间的过渡点，即所谓的工作基点。它一般埋设在被观测对象附近，要求在观测期间内保持稳定。

(3)观测点。位于变形体上的具有代表性的点，称为观测点或简称为测点。

一般地，我们把由基准点、工作点、观测点构成的观测系统叫做变形观测系统。工程建筑物变形观测工作受到诸多因素的影响，其中最基本的因素是变形观测方案的设计与布设。它包括观测精度的确定，观测周期(频率)的确定，观测点、工作点及基准点的布设等。以下分别予以讨论。

第一节　变形观测的基本内容和基本方法

一、变形观测的基本内容

工程建筑物变形观测的内容主要包括垂直位移观测、水平位移观测、倾斜观测、挠度观测和裂缝观测等。各种建筑物变形观测内容应根据建筑物的性质与地基情况来确定，要求有明确的针对性，既要有重点，又要作全面考虑，以便能正确反映出建筑物的变形情况，达到监视建筑物的安全、了解其变形规律的目的。例如：

(1)工业与民用建筑物变形观测内容。对于基础而言，主要观测内容是均匀沉陷与不均匀沉陷，从而测量绝对沉陷值、平均沉陷值、相对弯曲、相对倾斜、平均沉陷速度以及绘制沉陷分布图。对于建筑物本身来说，则主要是倾斜与裂缝观测。对于工业企业、科学试验设施与军事设施中的各种工艺设备、导轨等，其主要观测内容是水平位移和垂直位移。对于高大的塔式建筑物和高层房屋，还应观测其瞬时变形、可逆变形和扭转(即动态变形)。

(2)土木建筑物变形观测内容。以土坝为例，其观测内容主要为水平位移、垂直位移、渗透(浸润线)以及裂缝观测。

(3)钢筋混凝土建筑物变形观测内容。以混凝土重力坝为例，其主要观测内容为垂直位移和水平位移，从而可以分别求得基础与坝体的转动、坝体的挠曲以及伸缩缝的变形值。以上内容通常称为外部变形观测。此外，由于混凝土坝是一种大型水工建筑物，其安危影响很大，设计理论也比较复杂，除观测其外形的变化外，还要了解其结构内部的情况，如混凝土应力、钢筋应力、温度等，这些内容通常称为内部观测。外部变形观测与内部观测之间有着密切的联系，应该同时进行，以便在资料分析时可以互相补充，互相验证。然而，内部观测一般不是由测绘工作者完成的。

(4)地面沉降变形观测内容。对于建立在江河下游冲积层上的城市，工业用水需要大量抽取地下水，从而影响地下土层的结构，将使地面发生沉降现象。例如，我国某城市地表沉降观测的成果表明地表有时沉降，有时回升，这与季节性地抽取地下水有关。对于地下采矿地区，在地下大量的采掘也会使地表发生沉降现象。因此，必须定期进行观测，掌握其沉降与回升的规律，以便采取防护措施。

为了更全面地了解影响工程建筑物变形的原因及其规律以及有些特种工程建筑物的要求，有时在其勘测阶段就要进行地表变形观测，以研究地层的稳定性。

二、变形观测的基本方法

变形观测是为了查明建筑物随时间变化的微小量，因此对观测方法和精度要求是相当高的。变形观测方法与测量仪器的发展密切相关，大体上可分为四类：

第一类：常规大地测量方法，包括几何水准测量、三角高程测量、三角(边)测量、导线测量、交会测量等。这类方法测量精度高，应用灵活，适用于不同变形体和不同的工作环境，但是野外工作量大。

第二类：摄影测量方法，包括近景摄影和地面立体摄影测量等。它可以同时测量许多观测点，尤其适用于动态式的变形体观测，外业简单但精度较低。

第三类：专门测量方法，或称为物理仪器法，包括各种准直测量(激光准直系统具有代表性)、倾斜仪观测、流体静力水准测量系统及应变计测量等。专门测量手段的最大优点是容易实现连续自动监测及遥测，而且相对精度高，但测量范围不大，提供的是局部变形的信息。

第四类：空间测量技术包括甚长基线干涉测量(VLBI)、卫星激光测距、全球定位系统(GPS)测量技术、TCA 测量机器人、3D 扫描等。空间测量技术先进，可以提供大范围变形信息，是研究地壳形变及地表下沉等全球性变形的主要手段。

工程建筑物变形观测的具体方法，要根据建筑物的性质、使用情况、观测精度、周围的环境以及对观测的要求来选定。在实际工作中，设计变形工作方案时应综合考虑各种测量方法的应用，互相取长补短。常用的监测方法及适用性评价见表 2-1。

一般来说，垂直位移多采用精密水准测量、液体静力水准测量、微水准测量的方法进行观测。而水平位移的观测情况就比较复杂，对于直线形建筑物，如直线形混凝土坝和土坝，常根据布设在坝顶上、廊道内、土坝的迎水坡正常高水位以上与背水坡面上的观测点，采用基准线法观测。对于混凝土坝下游面上的观测点，常采用前方交会法。对于曲线形建筑物(如拱坝)，可根据在廊道内布设的观测点，采用导线测量的方法；对于拱坝顶部和下游坝面上的观测点，也可采用前方交会的方法。混凝土坝挠度的观测一般是采用“正锤”(通过竖井或监管悬挂的不锈钢丝垂线，这种垂线通常称为“正锤”或“正垂线”)的方法进行观测。坝体和基础的倾斜或转动，可在横向廊道内以倾斜仪观测，或采用液体静力水准测量，也可用精密水准测量的方法测定。裂缝(或伸缩缝)观测则使用测缝计或根据其他的观测结果进行计算。对于工业与民用建筑物、地表形变测量,也可采用地面摄影测量的方法测定其变形值。以上这些方法所使用的仪器设备与操作方法,将在以后各章作详细的叙述。这些方法不仅用于前面所列举的工程建筑物,而且用于其他建筑物的变形观测,如桥梁、船闸、船坞等。而这些方法本身随着电子及计算机技术的飞速发展,也在不断地改进和完善,目前正在向着半自动化和自动化的方向发展。

表 2-1　常用的监测方法及适用性评价

<table>
<tr><th>方法</th><th>仪器</th><th>精度</th><th>适用性评价</th></tr>
<tr><td>常规大地测量方法</td><td>全站仪、水准仪、经纬仪、测距仪</td><td>可满足不同的精度要求</td><td>灵活性大,适用于不同结构形式的建筑物;缺点是受地形通视和气候的影响,难以实现自动化监测</td></tr>
<tr><td rowspan="4">专门测量方法</td><td>机械位移计</td><td>百分表的精度为 0.01 mm,千分表的精度为 0.001 mm</td><td rowspan="2">精度较高,测量过程简单,容易实现连续监测和自动化观测,能提供局部的观测信息,但不如常规测量仪器灵活</td></tr>
<tr><td>位移传感器</td><td>可以达到 0.01 mm</td></tr>
<tr><td>测角仪</td><td>精度与距离有关,最高可达 1 mm</td><td>可以测量建筑物的挠度、高层建筑物的倾斜量、基础的沉降量</td></tr>
<tr><td>准直测量</td><td>一般精度为 10^{-5} ~ 10^{-6}</td><td>可以测量建筑物的横向位移,精度较高,且易实现自动化,但不如常规测量仪器灵活</td></tr>
<tr><td rowspan="2">摄影测量方法</td><td>摄影经纬仪</td><td rowspan="2">精度可达 mm 级</td><td rowspan="2">观测精度低,有时不能满足要求,各监测点不同步,精度与建筑物的形状、大小有关,受自然地理条件限制</td></tr>
<tr><td>数码相机</td></tr>
<tr><td colspan="2">TAC 测量机器人</td><td>1 mm + 1×10^{-6}</td><td>能够观测建筑物的沉降、位移、倾斜量等,易于实现自动化。但测点不同步,且受气候条件影响,不能全天候监测</td></tr>
<tr><td colspan="2">3D 扫描</td><td>1 ~ 5 mm</td><td>精度较高,测量过程迅速、全面,不需要大量监测点的布置,易于实现动态和自动化监测;缺点是难以获得内部结构隐蔽点的信息</td></tr>
<tr><td colspan="2">GPS - RTK 方式</td><td>平面精度 10 mm + 1×10^{-6},垂直精度可达 20 mm + 1×10^{-6}</td><td>全天候监测、操作简单、自动化程度高、定位速度快;缺点是平面精度高、高程精度低</td></tr>
</table>

第二节　变形的分类

工程建筑物变形的类型可以从以下两方面进行划分。

第一,从观测结果的表现形式来看,工程建筑物的变形可以分为两种类型:

(1)静态变形:通常是指变形观测的结果只表示在某一期间内的变形值,也就是说它只是时间的函数。

(2)动态变形：是指在外力作用下产生的变形。它是以外力的函数来表示动态系统对于时间的变化，其观测结果往往是表示建筑物在某个时刻的瞬间变形。

第二，从变形分析的角度来考虑，变形(模型)可分为三类：

(1)静态的：静态的变形模型只考虑变形的空间特性，或者说几何特性。也就是说，用静态的变形模型进行变形分析时，所关心的只是变形是否发生，或变形有多大。这种模型在点位稳定性分析中经常用到。

(2)运动的：运动的变形模型是在静态变形模型的基础上引入时间因素。它同时考虑变形的空间特性和时间特性。用运动的变形模型进行分析时，不仅可以求出变形的大小，还可以求出变形的速度和加速度。对于工程建筑物的变形观测来说，变形速度是极其重要的数据，因此对一般工程建筑物的变形观测，常采用运动的变形模型。

(3)动态的：动态的变形模型考虑的主要因素是变形的一些物理特性(如振幅、频率)。它主要用于分析风力振动等瞬间产生的连续的变形。对于这种连续的变形，一般采用带有连续自动记录装置、摄影装置等特殊的方法进行观测，其变形分析也必须采用一些特殊的手段或方法(如频谱分析和时序分析等)，以适应其需要，并达到变形分析的最终目的。

第三节　变形观测的必要精度

变形观测的必要精度取决于允许变形值的大小和观测目的。观测目的通常分为检查施工、监视建筑物安全和研究变形过程三种情况。一般来说，检查施工对变形观测的精度要求较低，监视建筑物安全稍高，研究变形过程精度要求最高。实际上，由于工程建设项目种类繁多，工程复杂程度各异，观测周期也不一样，所以对变形观测的精度要求定出统一的规格是困难的，在极端的情况下，对于重要的工程建筑物应该以当时能达到的最高精度为标准来进行变形观测。但是，对于大多数情况，仍然有必要确定变形观测的必要或合理的精度。合理的精度是重要的，过高的精度要求使测量工作复杂，费用和时间增加；而精度定得太低又会增加变形分析的困难，使所估计的变形参数误差太大，甚至会得出不正确的结论。

例如：考虑某个变形观测问题，设允许变形为 20 mm，如果变形观测的精度为 ±10 mm，则变形观测中可能出现的误差就达 ±20 mm。此时，即使真实的变形为 0，也有可能出现计算出的变形值为 20 mm 而发出错误警报的可能性。

讨论变形观测必要精度的基本思路是：先根据有关因素求出变形观测值(一般是指同一点在不同时期的坐标差 ΔX、ΔY、ΔH)的必要精度。然后套用现有的有关规范或采用相应的算法(如优化设计)来确定距离、方向、角度、高差等原始观测中予以实施。后一步与传统的大地控制网或工程控制网的有关内容完全相同，第一步则具有变形观测本身的特点。因此，我们讨论的主要问题是如何确定形变观测值 ΔX、ΔY、ΔH 的必要精度。

一、确定变形观测必要精度的基本原则

一般认为，变形观测值的必要精度主要应根据变形观测的目的、允许变形值的大小、变形的速度以及工程的性质来确定。

1971 年，在国际测量师联合会(FIG)第十三届会议上，工程测量委员会中的变形观测及其自动化小组对变形观测精度方面提交的报告认为：如果观测的目的是使变形值不超过

某一允许的数值而确保建筑物的安全，则其观测中误差应小于允许变形值的1/20～1/10；如果观测的目的是研究其变形的过程，则其观测中误差应比允许变形值小得多。1981年，FIG第八个五年计划第六届会议认为：为实用目的，观测的中误差应不超过允许变形值的1/10～1/20或1～2 mm；为科研的目的，观测的中误差应不超过允许变形值的1/20～1/100或0.02 mm。这就概括地说明了变形观测的必要精度与观测目的、允许变形值大小之间的关系，也是确定必要精度的一个基本原则。在实际工作中，不同类型的工程建筑物，变形观测的精度要求差别很大；同类工程建筑物，由于其结构形式和所处环境不同，变形观测的精度要求也有差异；对于同一工程建筑物，不同部位变形观测的精度要求也不尽相同。因此，有关变形观测的精度问题应进一步研究。工程建筑物的允许限差见表2-2。

表2-2　工程建筑物的允许限差

<table>
<tr><th>序号</th><th colspan="2">项目</th><th colspan="2">内容</th></tr>
<tr><td>1</td><td colspan="2">塔架挠度</td><td colspan="2">任意两点间的倾斜应小于两点间高差的1/100</td></tr>
<tr><td>2</td><td colspan="2">桅杆的自振周期</td><td colspan="2">$T\leqslant 0.01L$，T为周期(s)，L为桅杆高度(m)</td></tr>
<tr><td>3</td><td colspan="2">微波塔在风荷载作用下的变形</td><td colspan="2">在垂直面内的偏角不应小于1/100，在水平面内的扭转角不应小于1°～1.5°</td></tr>
<tr><td>4</td><td colspan="2">框架结构高层建筑$\frac{\delta(\text{层间位移})}{H(\text{层高})}$</td><td colspan="2">风荷载1/400，地震荷载1/250</td></tr>
<tr><td>5</td><td colspan="2">框架剪力墙高层建筑$\frac{\delta(\text{层间位移})}{H(\text{层高})}$</td><td colspan="2">风荷载1/600，地震荷载1/300～1/350</td></tr>
<tr><td>6</td><td colspan="2">剪力墙高层建筑$\frac{\delta(\text{层间位移})}{H(\text{层高})}$</td><td colspan="2">风荷载1/800，地震荷载1/500</td></tr>
<tr><td>7</td><td colspan="2">桅杆顶部位移</td><td colspan="2">不应大于桅杆高度的1/100</td></tr>
<tr><td rowspan="2">8</td><td colspan="2" rowspan="2">砖石承重结构基础的局部倾斜(m)
(L为相邻柱基之间的距离)</td><td>砂土和中低压缩性黏土</td><td>高压缩性黏土</td></tr>
<tr><td>$0.002L$</td><td>$0.003L$</td></tr>
<tr><td rowspan="2">9</td><td rowspan="2">工业与民用建筑相邻柱基的差异沉降(m)
(L为相邻柱基之间的距离)</td><td>框架结构(m)</td><td>$0.002L$</td><td>$0.003L$</td></tr>
<tr><td>当基础不均匀沉降时不产生压力的结构(m)</td><td>$0.005L$</td><td>$0.005L$</td></tr>
<tr><td>10</td><td colspan="2">桥式吊车轨面倾斜</td><td colspan="2">纵向4‰，横向3‰</td></tr>
<tr><td rowspan="3">11</td><td rowspan="3">高耸结构基础的倾斜
(h为相对地面高度)</td><td>$h\leqslant 20$ m时</td><td colspan="2">≤3‰</td></tr>
<tr><td>20 m$\leqslant h\leqslant$50 m时</td><td colspan="2">≤6‰</td></tr>
<tr><td>50 m$\leqslant h\leqslant$100 m时</td><td colspan="2">≤5‰</td></tr>
</table>

二、分析变形观测的必要精度

(一)按允许变形值来确定观测精度

建筑物的允许变形值大多由设计单位提供或依据有关规程中的规定，一般可以直接套用。有关允许限差的规定可参考表2-2。设允许变形值为$\Delta_{容}$，则按上述原则有：观测的必要精度（中误差）$M=\Delta_{容}/(10\sim20)$。现举例如下：

例1：某核电厂边坡的允许变形（滑坡）值为$\Delta_{容}=20$ mm，根据上述原则即可确定变形观测的必要精度为$M=\pm1$ mm。

例2：某综合勘察院在观测一幢$H=30$ m的大楼的变形时，根据设计人员提出的允许倾斜度$\alpha=4‰$求得顶点的允许偏移值为$\Delta_{容}=\alpha H=120$ mm，进一步求得观测中误差$M=\pm6$ mm。

例3：为了监视桥梁安全而进行的变形观测，根据《铁路桥涵养护验收标准》规定，钢结构桥梁线路与梁跨中心线的偏差允许值为50 mm。按上述原则，测量桥墩（台）纵、横向位移的中误差应小于允许偏差的1/20～1/10。这相当于变形观测的精度为±2.5～±5.0 mm。在这个区间内究竟取哪个值，应视桥长、墩台多少和作业环境而定，长桥、墩台多、条件差的限差可取大一些，反之可取小一些。

高大建筑（高层建筑和超高层建筑等）的倾斜变形观测精度，则应根据建筑设计规定的横向总体倾斜允许值按上述方法予以确定。一般规定的高大建筑总体倾斜的允许值可按下式计算：

$$\alpha=\frac{B}{100H} \tag{2-1}$$

式中　B——高大建筑基础的宽度；

H——高大建筑的高度。

若以允许的总体倾斜横向位移表示，则为：

$$\Delta=\alpha H \tag{2-2}$$

若是为了监视建筑物的安全并取允许值的1/20，则倾斜观测的精度（观测点的位置中误差）应为：

$$m_{\mathrm{p}}=\frac{1}{20}\Delta=\frac{\alpha H}{20} \tag{2-3}$$

按式(2-3)计算的倾斜观测精度列在表2-3中。

表2-3　按允许值计算高大建筑的倾斜观测精度

建筑类型	层数	宽度 B（m）	高度 H（m）	倾斜允许值		观测精度 $m_{\mathrm{p}}=\frac{\alpha H}{20}$（mm）
				$\alpha=\frac{B}{100H}$	$\Delta=\alpha H$（mm）	
多层建筑	5～8	10左右	15～30	3.3‰	99	5.0
高层建筑	8～20	15左右	30～60	2.5‰	150	7.5
超高层建筑	20以上	20左右	60～120	1.7‰	204	10.2
高耸建筑物			100左右	1.5‰	150	7.5

如果是为了研究变形的过程，则其误差应比表2-3中的数值小得多，一般认为取观测中误差的1/5，但有时甚至应采用目前测量手段和仪器所能达到的最高精度。所以，在实际工作中，还应结合工程设计部门对建筑物的允许偏差要求或有关规范的具体规定，以及变形观测目的和测量工作者的经验来确定出合理的观测精度。

(二)按变形观测实测数据的统计分析确定观测精度

这种方法一般是从实际经验出发并顾及当前的测量技术水平而定的。由于不同类型工程建筑物,变形观测的精度要求差别较大而难以定出统一规格。但是,我们可以根据对各类工程多年变形观测数据统计分析,确定出该类工程的预期最大变形值,再定出变形观测精度。下面给出的是各类工程的分析结果。

(1)特殊精密工程,例如,高能粒子加速器、大型抛物面天线、特种军事工程等,其平面位移的测量中误差要求为 ±0.1 ~ ±0.5 mm。沉降观测的精度为 ±0.05 ~ ±0.2 mm。

(2)对于为了科学研究而进行的变形观测,往往要求达 ±0.1 mm 的精度。

(3)大型工程建筑物,例如,对于有连续生产线的大型车间(钢结构、钢筋混凝土结构的建筑物),通常要求观测工作能反映出 1 mm 的沉降量;对于一般厂房,要求能反映出 2 mm 的沉降量。因此,观测点高程的精度为 ±0.5 ~ ±1 mm。这些大型建筑物的平面位移观测精度一般在 ±1 ~ ±3 mm。

(4)水利工程建筑物,根据其结构、形状不同,观测内容和精度也有所差异。即使对于同一建筑物(如拱坝)的不同部位,其观测精度也不相同,变形大的部位(如拱冠)的观测精度可稍低于变形小的部位(如拱座)。对于混凝土大坝,其沉降和水平位移观测的精度都是 ±1 ~ ±2 mm,对于土坝,则为 ±5 ~ ±10 mm。

(5)对于土木工程,测定其变形值的精度不低于 ±2 mm。

(6)滑坡变形观测精度一般在 ±10 ~ ±50 mm。

至于必要精度与变形速度关系,主要是由于变形速度的大小决定了两次(期)观测之间变形值的大小,而变形观测最终要求反映出变形。因此,当变形速度大时,两次观测间的变形量也大,这时可适当地放宽精度。反之,当变形速度很小时(例如大地板块运动),则应适当地提高精度。

总的来说,在确定工程建筑物的变形观测精度时,要考虑的影响因素可以归纳为表 2-4。

表 2-4　影响变形观测精度因素

影响因素	精度要求高	精度要求低
变形观测目的	安全监测	积累资料
结构或设备对变形的反映	敏感	不敏感
预期的或正常的变形	小	大
观测时间间隔	短	长
变形速度	小	大
建筑物造价	高	低

第四节　变形观测的频率

变形观测的特点之一是重复观测。这就要求我们在设计时要确定重复观测的间隔,即变形观测的周期或频率。

一般认为:变形观测的频率应根据变形观测的目的、变形值的大小、变形的速度和工程性质来确定。变形的速度越大,观测间隔要求越短。同一工程建筑物在不同的时期,观测间隔要求也不一样。在观测初期,由于对变形规律没有了解,为保险起见,此时要求间隔要短;而在观测后期,在对变形规律有了一定的了解之后,则可适当地延长观测间隔。然而,这些原则不是绝对的,当出现紧急情况时(例如,水坝变形观测中的洪水对大坝的影响),应作紧急观测。对于旨在详细研究变形过程的变形观测,间隔要求很短,有时甚至要求连续观测(例如,风振或动荷载引起大桥的振动过程)。

下面以基础沉陷的观测过程为例,说明确定观测频率的方法。

在荷载的影响下,基础下土层的压缩是逐渐实现的,因此基础的沉陷也是逐渐增加的。一般认为建造在砂类土层上的建筑物,其沉陷在施工期间已大部分完成,而建造在黏土层上的基础,其沉陷在施工时期只完成了一部分。图 2-1 为不同类土层的沉陷过程线。

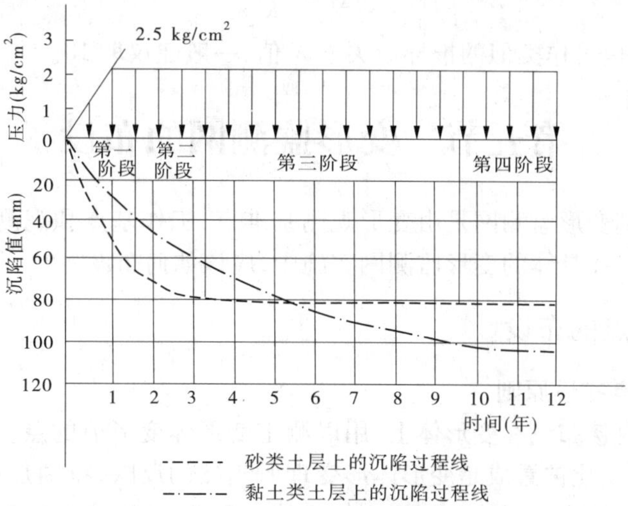

图 2-1　不同类土层的沉陷过程线

由图 2-1 可以看出,对于砂类土层上基础的沉陷过程可以分为四个阶段:第一阶段是在施工期间,随着基础上压力的增加,沉陷速度很大,年沉陷量达 20 ~ 70 mm。到第二阶段,沉陷速度就显著地变慢,年沉陷量大约为 20 mm。第三阶段为平稳下沉阶段,其速度为每年 1 ~ 2 mm。第四阶段沉陷曲线几乎是水平的,也就是说到了沉陷停止的阶段。根据这种情况,在观测精度要求相同时,沉陷观测的频率是变化的。在施工过程中,频率应大一些,一般有 3 d、7 d、15 d 三种周期,到了竣工运营以后,频率可小一些,一般有一个月、两个月、三个月、半年及一年等不同的周期。在施工期间也可以按荷载增加的过程进行观测,即从观测点埋设稳定后进行第一次观测,当荷载增加到 25% 时观测一次,以后每增加 15% 观测一次。竣工后,一般第一年观测四次,第二年观测两次,以后每年观测一次。在掌握了一定规律或变形稳定后,可减少观测次数。这种根据日历计划或荷载增加量进行的变形观测称为正常情况下的系统观测。

除上述系统观测外,有时还要进行紧急观测,这通常是在出现特殊情况的前后进行的,如出现台风、洪峰等情况。

另外,我们还可以推导出观测周期与观测精度和变形速度之间的关系式。下面就以沉陷观测为例推导出它们之间的关系。

设沉陷观测量的中误差(沉陷观测量中误差一般为沉陷点高程中误差的$\sqrt{2}$倍)为$M_{\Delta h}$,沉陷速度为v,沉陷量Δh与测量误差之比的允许值为K,则应有:

$$\Delta h \geqslant KM_{\Delta h}$$

又设观测周期为T,则:

$$\Delta h = vT$$

于是,观测周期可由下式确定:

$$T \leqslant \frac{KM_{\Delta h}}{v} \tag{2-4}$$

在已知观测周期的情况下,也可由上式解出观测精度,公式为:

$$M_{\Delta h} \leqslant \frac{vT}{K} \tag{2-5}$$

对于水平位移,也可作类似的推导。关于K值,一般建议取10。

第五节　变形监测网的布设

我们已经了解到变形监测网是由变形观测基准点、工作基点和观测点按一定的控制网形式组成的。这些点在具体的变形监测网实施中,应该如何布设呢?

一、变形观测点的布设

(一)变形观测点布设原则

变形观测点是直接布设在变形体上,用以测定变形体变形值的点。在整个观测与分析过程中,测点的位置变化被看成是变形体形变理所当然的反映,特别是在分析过程中,我们将从测点的变化来归纳出变形体整体形变的规律。因此,可以说测点与变形体的关系如同样本与母体的关系。对测点的观测实质上是对变形体(母体)的一次抽样。在统计理论中,对于样本的最基本的要求是它应具有充分的代表性,具体到测点布设,这种代表性体现在以下三个方面,这三个方面也正是测点布设时应遵循的最基本的原则:

(1)有足够的点数;

(2)应考虑特征点,即能控制整个建筑物变化的点和关键部位上的点;

(3)应与变形体紧密结合在一起。

以这些原则为基础,再结合不同建筑物的具体情况进行具体分析,并与工程设计人员密切配合,即可设计出合理的布点方案。

(二)工业与民用建筑物变形观测点的布设

工业与民用建筑物变形观测的主要内容是基础的沉陷观测。对于高层建筑物,则辅以倾斜观测与风振观测。对于重要的工业设备,有时也要求进行垂直位移观测和水平位移观测。

关于基础沉陷观测点的布设方案,通常由设计部门提出要求,由设计人员和测量人员共同研究后确定。布设时,一方面要有足够的密度,以便反映出整个基础的沉陷情况,并绘出等沉陷曲线图;另一方面,也应尽量减少不必要的测点,以避免不必要的人力、物力的浪费。在确定沉陷点的布设方案时,还应考虑建筑物的规模、形式、结构特征以及建筑场地的工程地质、水文地质等条件，分析可能引起沉陷的因素及沉陷关键部位，在相应部位上布设测点。另外，还应注意，测点应在施工过程中埋设，且应牢固地与建筑物结合在一起。埋设时，还应考虑点的安全性，尽量保证在整个观测过程中不受损坏。某展览馆沉降点布置见图 2-2。

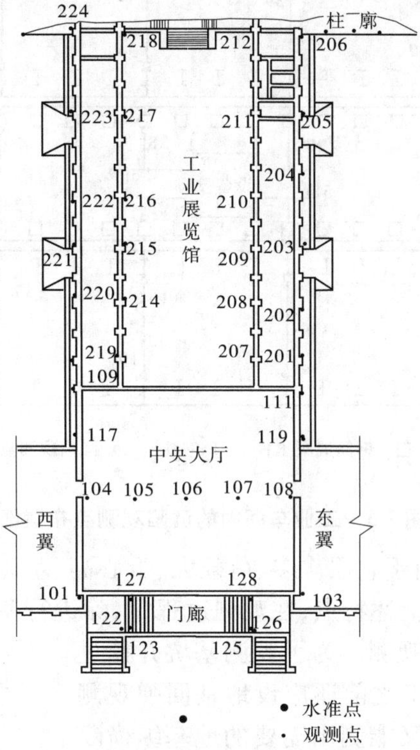

图 2-2　某展览馆沉降点布置

民用建筑物变形观测点一般可根据下列几个方面布置：

(1)观测点应布设在建筑物沉降变化较显著的地方，并应考虑到在施工期间和投产后能顺利进行观测。

(2)在建筑物四周角点、中心点及内部承重墙(柱)上均需埋设观测点，并应沿房屋周长每隔 10 ~ 20 m 设置一个观测点；工业厂房的每根柱子均应埋设观测点。

(3)由于相邻建筑物会产生相互的影响，因此在高层和低层建筑物、新老建筑物的连接处，以及在相接处的两边都应布设观测点。

(4)在人工加固地基与天然地基交接处和基础砌深相差悬殊的地方，以及相接处的两边都应布设观测点。

(5)当基础形式不同时，需在变化处埋设观测点。在地基土质不均匀，可压缩性土层的厚度变化不一的情况下，需适当埋设观测点。

(6)在振动中心基础上也要布设观测点，对于烟囱、水塔等刚性整体基础，应不少于 3 个点。

(7)对于宽度大于 15 m 的建筑物，在设置内墙体的观测点时应设在承重墙上，并且要尽可能布置在建筑物的纵(横)轴线上。观测标志上方应有一定的空间，以保证测尺直立。

对于一般的工业建筑物来说，除在柱子基础上布设观测点外，在主要设备基础的四周以及动荷载四周和地质条件不良处也要布置观测点。图 2-3 为某重型机械厂一车间的沉陷观测点布置图。

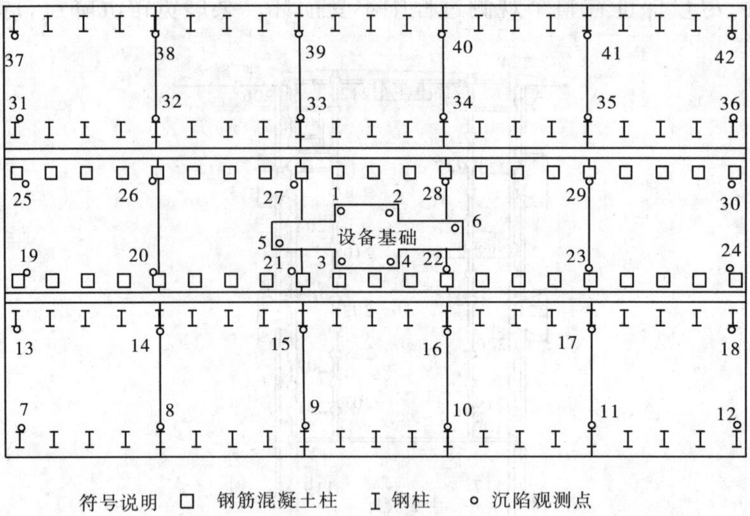

图 2-3　工业车间内的沉陷观测点布置图

对于高层建筑物而言，由于它层次多、荷载大、重心高、基础深，因此变形观测的作用特别显著。由于高层建筑物的上述特点，在观测过程中，除进行基础沉降观测外，还要进行建筑物上部的倾斜观测与风振观测。为了观测基坑开挖过程中地基的回弹现象，在施工之前还应设地基回弹观测点。布点时应以点数最少而又能测出需要的地基纵横断面的回弹量为原则，一般是在建筑物的纵横轴线上布设观测点。

为了研究上层压实的情况，应布设分层沉降观测点，布点时，最好是布设在基础中心线上，条件不允许时，也可以布设在基坑边缘。分层沉降观测点埋设的最大深度应达到理论计算的受压层的底部，其余各层观测点的深度和数量应根据土层与应力大小而定。建筑物动态变形观测点的布设可以用高的塔式建筑物作为例子。

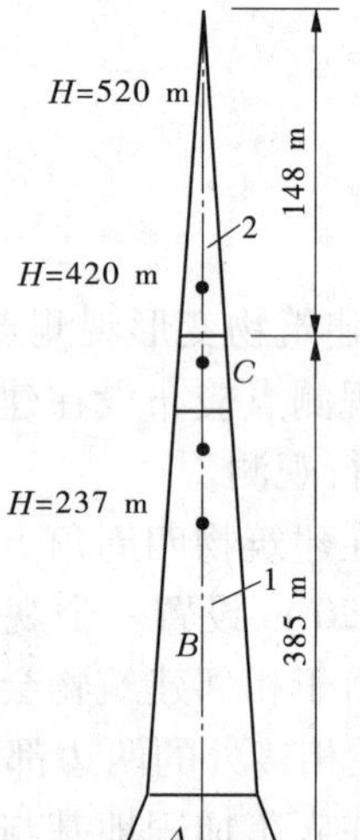

图 2-4　动态变形观测点的布设

图 2-4 为 533 m 高的某电视塔，它由钢筋混凝土塔身 1 和钢架天线 2 组成，塔身包括下部的支柱截头锥体 *A*、中部截头锥体 *B* 和上部圆柱体 *C*，塔重 5.5 万 t。为了测定电视塔在风力和日照作用下的动态变形，在天线和塔身的 237 m、300 m、385 m、420 m、520 m 等不同高度处，在其表面沿着两坐标轴的方向上各布置了五个观测点（见图 2-4），测定其相对于 20 m 高度的底点处的摆动幅度。

（三）混凝土大坝观测点的布设

混凝土大坝变形观测的内容较多，包括基础沉陷与坝体在垂直方向上的伸缩等垂直位移观测、水平位移观测、坝体倾斜观测及挠度观测等，如图 2-5 所示。

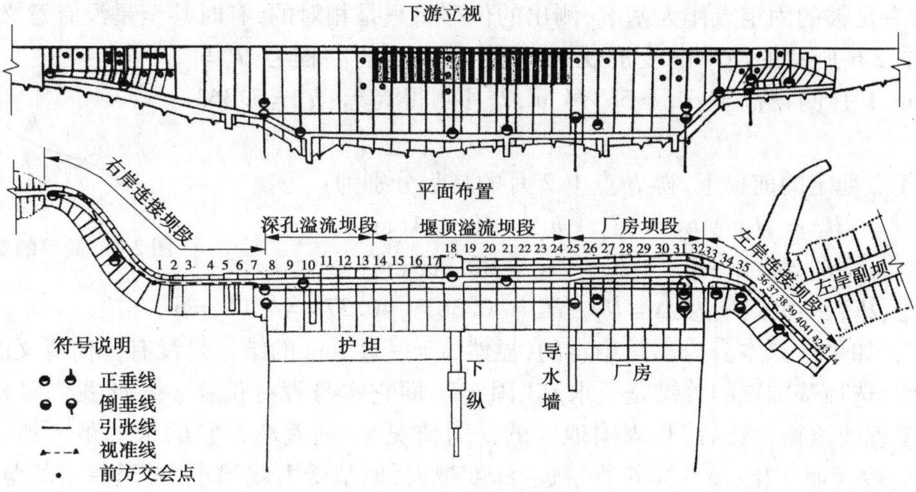

图 2-5　大坝变形观测点的布设

大坝变形观测点的布设应根据具体情况做具体分析。在坝体垂直位移观测中，主要是基础沉陷观测。根据大坝基础的地质条件、坝体结构、内部应力的分布情况以及观测便利等因素来考虑，将基础沉陷观测点布设在基础廊道的中心线与每个坝段中心线的交点处，原则上每坝段布设一点。对于坝体较高、地质条件不良等重点坝段，除在基础廊道内每坝段增设一个观测点外，还应在横向廊道内增设一些观测点。这些观测点一方面用于测量基础的沉陷，另一方面还可用于计算基础的倾斜或转动。为了测定坝体本身在垂直方向的伸缩，还应平行于坝轴方向在坝顶下游坝肩及坝趾处布设若干观测点。此外，根据需要，还可在电厂、消力池及溢洪道等建筑物上或其周围布设一定数量的沉陷观测点。

混凝土坝的水平位移观测包括如下内容：

(1) 大致在同一高程面上的不同点位在垂直于坝的纵向轴线方向的水平位移；

(2) 在同一铅垂线上不同高程处的水平位移；

(3) 任一点在任一方向上的水平位移。

对于上述第一个观测内容，一般用基准线法进行观测。此时可在坝顶或纵向廊道内布设一定数量的基准线，基准线具体布设方法将在第三章详细介绍。

对于第二个内容，一般是在大坝的垂直廊道内布设正垂线用坐标仪进行测量。关于正垂线的具体布设方法也将在第三章详细介绍。

上述第三个内容可用导线法或前方交会法测定。此时可将观测点布设在基础较差、构造单薄的坝段，通常将其埋设在坝下游背水面的不同高程处。所有的水平位移观测点均可同时作为垂直位移观测点。

二、基准点及工作基点的布设

（一）基准点的布设

上面讨论了观测点布设的方法。如果测出了这些观测点的坐标变化，就可求得所需要的变形值，以进一步分析建筑物的变形状况。然而，要求得上述观测点的坐标变化，必须有一些固(稳)定或相对固定的基准点,也即必须有一些固定的点来作为测量分析的依据。否则,若没有足够的固定点作为基准,测出的位移将只是相对的,有时甚至是没有意义的。

如图 2-6 所示的简单的变形观测问题,设 A 点的高程为 H_A = 35.000 m,1 月测得高差:h_1 = 5.374 m,2 月测得高差:h_2 = 5.363 m。

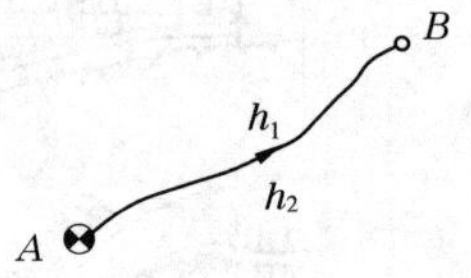

图 2-6 简单的变形观测

在 A 点稳定的前提下,得 B 点 1、2 月的高程分别为:

$$H_1 = H_{A1} + h_1 = H_A + h_1 = 40.374(\mathrm{m})$$

$$H_2 = H_{A2} + h_2 = H_A + h_2 = 40.363(\mathrm{m})$$

于是,B 点的沉陷量为:$\Delta = H_2 - H_1 = 40.363 - 40.374 = -11(\mathrm{mm})$

然而,如果 A 点本身也不是稳定的,显然 $\Delta = -11$ mm 的结论是没有任何意义的。

因此,选择基准点的关键是要求其“固定”,即它本身没有位移。对此我们可作如下的分析。工程建筑物兴建后,其周围地区的受力情况是:随着离开它的水平距离和垂直距离(深度)的改变而变化;离开建筑物越远,深度越大,地基受力就越小,直至一定的范围之外,这种影响完全消失。因此,从理论上讲,由工程建筑物的兴建而产生的变形(体)是有一定范围的。只要将其基准点选择在这种范围之外,即可满足固定的要求。

由此可见,布设基准点可选择如下两个方法:

(1)远设——在水平方向上将基准点设在变形体之外;

(2)深埋——在垂直方向上将基准点设在变形体之外。

然而,在实际工作中,上述两个方法是难以实现的,或者说即使是能实现也是不尽合理的。因为如果采用远设的方法,会使得观测路线增长或网的规模加大,这样起码会带来两个方面的不利影响:一是加大了每期观测的工作量,二是扩大了误差的累积效应。这两个方面的不利影响对于变形观测来说都是致命的,因为变形观测的基本特点是重复观测和精度要求高。因此,不考虑具体的工作情况,片面地追求远设和深埋是不现实的。

在变形观测的实践中,对于一般的工业及民用建筑物等变形范围不大的场合,采用深埋和远设的方法是可行的,因为此时的远设也不是很远,深埋也不至于太深;而对于大型水利工程等变形体范围很大的情况,采用远设深埋就不太合适了,此时应采用变通的方法,在观测点与基准点之间增加工作基点作为一种过渡来解决上述问题。

(二)工作基点的布设

对工作基点的布设要求是:变形速度小,且与观测点之间的距离较近。

在实际工作时,可以用工作基点作为过渡性的基点来测定观测点相对于工作基点的位移,我们称为测点观测;再利用固定基点来测定工作基点相对于固定基点的位移,我们称为基点观测。在计算时,则利用基点观测的成果对测点观测的成果加以改正,最终就能求出观测点相对于固定基点的位移。

采用增设工作基点的方法可以克服深埋和远设所带来的不利影响。这是因为,一方面由于它的变形速度小,则基点观测的间隔可以相对地拉长,从而减少了工作量,工作量的减少又可以对基点观测施以较高的精度;另一方面,由于它离观测点近,测点观测的工作量和误差累计都不会很大。

一般来说,我们把固定基点和工作基点纳入同一个控制网形之内,并要求网形具有一定的图形强度,以保证基点观测的精度和可靠性。这种由固定基点和工作基点构成的控制网通常称为变形控制网或简称为变形网;同时,我们把测点观测布设成一个个独立的控制网形(如交会、导线、基准线等),以便于观测和计算。

如上所述,对工作基点的要求是变形小且离观测点近。这就是布设工作基点应遵循的基本原则,然而还应顾及便于观测及与固定基点的联测,即工作基点的承上启下作用。

例如,在大坝垂直位移观测中,工作基点一般布设在坝体两端的不同高程处。布设时应选择地质条件较好的地方,并在下游较远处的稳定地点布设固定基点,如图 2-7 所示。

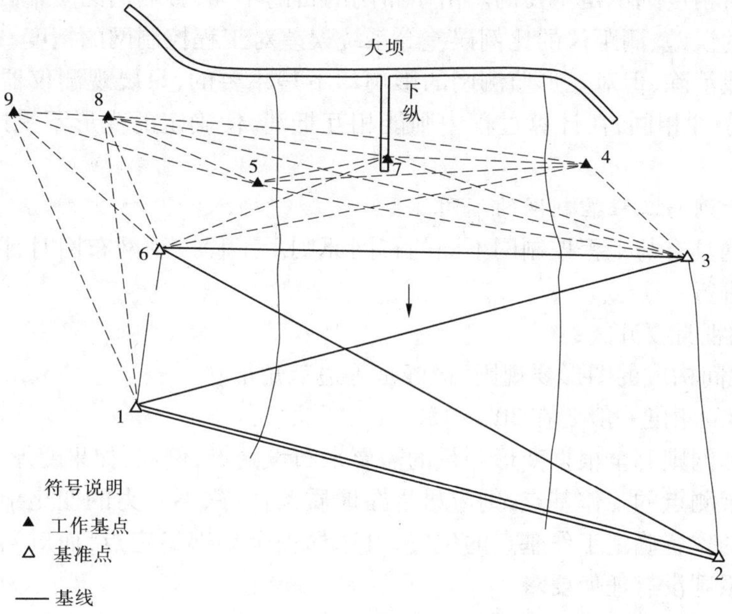

图 2-7　大坝基准点布设略图

对于一般的工业及民用建筑物,由于其变形范围不大,可用埋设或远设的方法一次性布设固定基点。

总之,变形监测网的布设是很复杂也很庞大的,为了了解变形观测的全貌,现将其概括为表 2-5。

表 2-5　变形监测点布设方法一览

测点类型	布点要求	布设方法	观测方法
固定基点	稳定	深埋、远设	变形网
工作基点	形变小、离测点近	变形体边缘	基点观测
观测点	有代表性	变形体上	测点观测

三、变形监测网的设计

(一)变形监测网的特点

与工程控制网相比,变形监测网有自己的特点,这些特点决定了变形监测网平差与工程控制网平差方法的差别。因此,在介绍变形观测数据处理(见第四章)前,首先介绍变形监测网的特点。

1. 布网的目的与工程控制网的不同

变形监测网具有与工程控制网不同的布网目的。工程控制网布网的目的是保证工程的各个部位能处在一定的相互关系之中。例如,测图控制网必须保证在同一坐标系、同一精度和接图中,矿区控制网要能保证地面、地下的各种工程设施处在一定的相互关系之中。因此,对于工程控制网,保证网点之间的相对精度是至关重要的。衡量控制网等级的一个重要指标就是网的最弱边。但变形监测网则不同,变形监测网布网的目的是测定网点的变形,而网点之间的相对精度则不是主要的。由于布网的目的不同,影响网的质量因素也就不同,如大气折光引起的误差、测距仪的比例误差等系统误差对工程控制网的精度影响很重要,因而必须设法减小或消除,但对变形监测网的影响却不是主要的,只要观测仪器、环境条件及观测人员等观测条件相同,在计算过程中则能相互抵消,使确定的变形不受这些系统误差的影响。

2. 布网的原则与工程控制网的不同

变形监测网具有与工程控制网不同的布网原则。工程控制网布网时,网点的选择一般按这样的原则进行:

(1)网点的视野要开阔;

(2)网点之间构成的图形要规则,最好是等边三角形;

(3)三角形的角度一般要在30°~150°。

而变形监测网则完全根据变形测量的需要来布设网点,例如,如果变形监测网网点是作为变形测量各观测点的工作基点,则应尽量在地质条件好、不受力的变化干扰的地方布点,或根据变形点的位置确定工作基点的位置,再选择一个局部稳定点,而对网点的视野、网点之间的相互关系则没有任何要求。

3. 变形监测网的多余观测条件

变形监测网图形复杂,多余观测条件多。工程控制网的观测以构成简单的三角形、大地四边形或中点多边形为宜,平差时既可以按条件平差,也可以采用间接平差。而变形监测网的观测则以能通视观测为原则,不去追求图形如何构成,并以多余观测越多越好。由于图形复杂,变形监测网一般采用间接平差。

4. 变形监测网边短,精度高

变形监测网边短,但精度高,并且在很多情况下采用强制归心。观测往往是按国家一、二等精度要求进行的,多采用高精度仪器进行观测。

5. 变形监测网可以没有已知数据

在工程控制网中,控制网必须具有两个已知点的坐标或一个已知方向、一个已知点的坐标,而变形监测网则可以不要这些数据,作为相对网,按自由网平差。尽管工程控制网中已知点、已知方向可以假定,但变形监测网可以是纯测角网,不需要任何观测边或已知边。

(二)变形监测网的设计内容

在工程建筑物进行结构设计的同时,就应进行变形观测系统的设计。设计内容包括:观测项目和测点布置,观测仪器的选定,如系特殊仪器,还须给出该仪器及附件的设计加工图、观测布置图和施工详图,同时编写详细的设计说明书和观测规程。

通过上述内容的介绍,我们可以知道:为了进行安全监测,首先要设计专门的安全监测方案。因而有必要编制具体的设计说明书。说明书的内容一般包括以下几个方面:

(1)完成测量的依据；

(2)有关建筑物、自然条件和工艺生产过程的概述；

(3)控制点和变形点的布置方案；

(4)计算和说明各观测阶段的必要精度；

(5)测量的仪器、方法和要求；

(6)对观测成果的整理方法和工程实施的建议；

(7)观测进度计划表；

(8)观测人员的编制和预算。

在第一项中，应指出所依据的测量规范和建筑法规，或主管部门的文件和具体规定。如系承包项目，还应包括所履行合同的条款、提交成果的内容与期限，以及经济责任等内容。

思考题

1. 何谓测点、工作基点、基点？

2. 如何确定变形观测的必要精度？

3. 变形观测的频率如何确定？

4. 变形观测点布设的基本原则是什么？

5. 什么叫测点观测和基点观测？

6. 简述变形观测系统的内容(包括要求、布设方法及点类)。

7. 简述变形网的特点。

第三章　工程建筑物变形测量

第一节　概　述

变形是自然界普遍存在的现象，各种荷载作用于变形体，使其形体、大小及位置在时间域或空间域发生变化均为变形。变形体的变形在一定范围内被认为是允许的，如果超出允许值，则可能引发灾难。因此，一些大型工程建（构）筑物项目的变形监测在设计阶段就开始考虑，设计单位在进行工程设计的同时对建（构）筑物做出相应的变形设计，然后在其施工及运营期间进行定期观测。

工程建筑物变形观测的内容主要包括垂直位移观测、水平位移观测、倾斜观测、挠度观测和裂缝观测等，工程建筑物变形测量则包含建筑物本身、建筑物地基及场地的变形。垂直位移和水平位移是变形体变形的主要因素，其他变形是前两者演变的结果。

第二节　垂直位移观测

所谓垂直位移，就是指工程建筑物及其基础在垂直方向的变形，因而又直观地称为沉陷或沉降。其表现形式为在不同时期高程（H）的变化。而垂直位移观测就称为沉陷观测或沉降观测。

当建筑物或基础各部位垂直位移不均匀时，则会发生倾斜或扭曲。垂直位移会造成地面塌陷，给建筑物的使用和安全带来不利影响；特别是严重的不均匀垂直位移，则会给建筑物的安全带来毁灭性的后果。所以，垂直位移观测是工程建筑物变形观测中的一个重要内容。

在建筑物施工初期，基坑开挖时表面荷重卸除，使基底产生回弹现象。随着建筑物施工展开，荷重不断增加，基础产生下沉；由于外界气温变化，建筑物本身在垂直方向上亦有伸缩。可见，垂直位移观测应该在基坑开挖之前开始进行，而贯穿于整个施工过程中，并继续到建成后若干年，直至沉降现象基本停止。

一、观测系统的布设与标志

在介绍沉降观测的具体工作方法之前，先解决如下一些问题是必要的。

（一）基点布设与检测

由于沉降观测的方法一般为水准测量，所以其基准点也常称为水准基点。在工业场地上，水准基点的布设一般采用深埋法。这是因为：

（1）工业场地一般位于平坦地区，覆盖土层较厚，便于开挖深埋孔；

（2）建筑物本身压荷有限，深埋孔无须挖得很深；

（3）工业场地建筑物稠密，采用远设的方法（即使是增设工作基点）会给观测带来不便。

对于大型的水利枢纽工程，水准基点的布设可采用远设与工作基点相结合的方法。将固定基点远设在河流两岸大坝的下游方向，且确保其位于沉降范围之外。工作基点则布置在坝的两端的不同高程处。

水准基点的埋设位置应位于拟测建筑物范围外 20～25 m 处，并应避开日后欲建管线、道路等地区。对于有振动的建筑物，基点埋设距建筑物应更远一些。如果拟测建筑物的规模较大，基点要统一布设在建筑物周围，便于沉降水准网的联测，缩短水准线路以提高成果的精度。

大坝沉降观测水准基点应避开岩石断裂带，也应避免埋设在大型建筑物及水利设施附近，以免震动及地下水的影响。根据地质条件的不同，水准基点可埋设在基岩上或深埋于原状土内。对于重要的电站和水利工程，水准基点应力求埋于基岩之上。

为了检查水准基点的稳定性，可将其成组地埋设，通常由间距约 100 m 的每三个点为一组，由此可以经常观测三点间的高差，这样便可判断出水准基点的高程有无变动。

(二)基点标志与埋设

1. 地表岩石标

水准基点应尽可能埋设在基岩上，如果地表覆盖层很浅，可先除掉风化层后把水准标志用水泥砂浆埋设在新鲜基岩上，但要注意别把孤石当成了基岩，否则若孤石有所移动，水准头的标高也会随之变动。地表岩石标如图 3-1 所示。

2. 混凝土水准标石

这种水准基点适用于一般覆盖层较厚的工业场地，其埋设形式与高程控制测量相同，在此不再重复。

3. 深埋钢管标

当地表覆盖层很厚或温度对测量标志有明显影响时，一般采用钻孔后灌注混凝土钢管标志。如图 3-2 所示，钻孔应深达基岩或较密实的土层内。水准基点顶部要砌成保护井，以

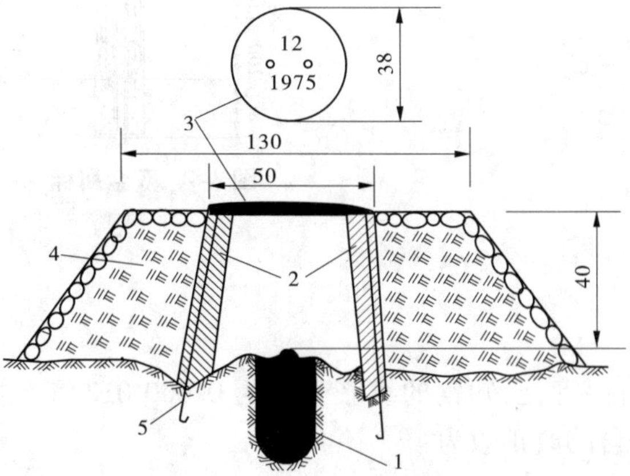

1—抗蚀金属制造的标志；2—钢筋混凝土井圈；
3—井盖；4—土丘；5—井圈保护层

图 3-1　地表岩石标　（单位：cm）

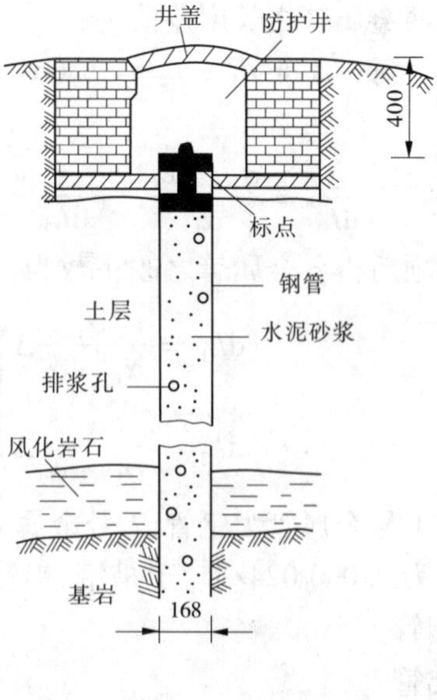

图 3-2　深埋钢管标

保护标志不被破坏。

此种基点施工时，先用钻机钻到新鲜岩层以内 2 m 以上，以直径为 50～70 mm 的钢管埋入基岩内。内管外再套一个直径为 110～130 m 的外钢管并缠以黄油麻布，内外管间设有橡皮圈，内管顶端焊以不锈钢水准标志，并在内管的不同高程处设若干个电阻温度计（见图 3-3），以便测定内管的温度。

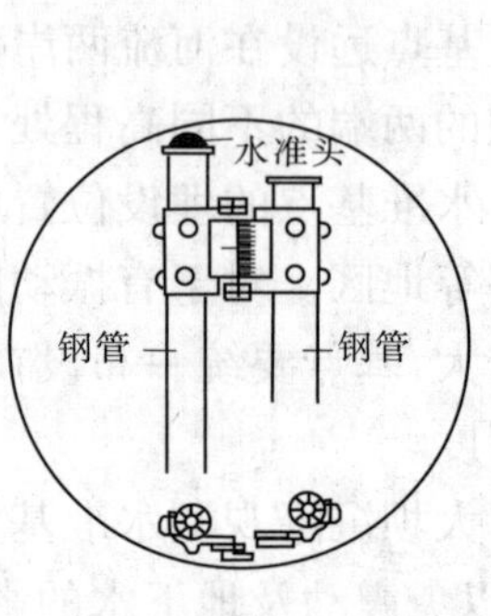

图 3-3　双金属标温差读数装置

4. 双金属标

在全年温度变化幅度较大的地方，当岩石上部土层较深时，为避免温度变化对标志高程的影响，可采用深埋双金属标，如图 3-4所示。

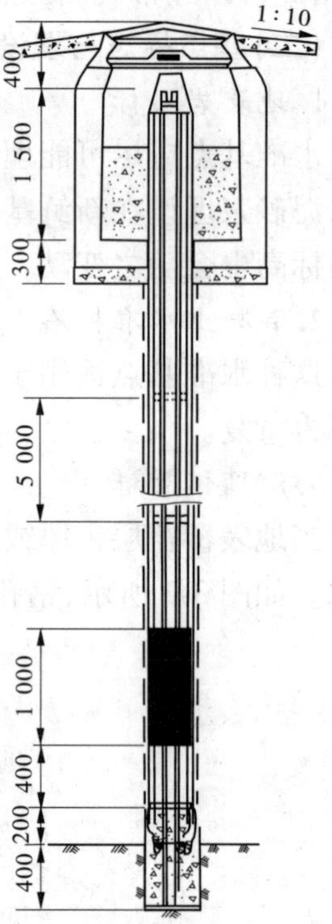

图 3-4　双金属标

深埋双金属标的特点是：深埋两根具有不同膨胀系数的金属管，并由标志顶部的读数设备测定温度变化对标志所引起的两管长度变化的差数 Δ，由此差数即可计算出金属管本身长度的变化，以改正温度变化对标志高程的影响。改正的原理如下：

设有两根分别为钢、铝材料的金属管 1 号和 2 号，原长均为 L_0，受热后各自伸长为：

$$L_1 = L_0 + L_0\alpha_1 t = L_0 + \mathrm{d}L_1$$

$$L_2 = L_0 + L_0\alpha_2 t = L_0 + \mathrm{d}L_2$$

式中　t——标志各层高程处温度改变的平均值，其数值未知；

α_1、α_2——两金属管线胀系数。

则两金属管之长度差值为

$$\Delta = L_1 - L_2 = L_0(\alpha_1 - \alpha_2)t \tag{3-1}$$

因此得

$$\frac{\Delta}{\mathrm{d}L_1} = \frac{\alpha_1 - \alpha_2}{\alpha_1}, \quad \frac{\Delta}{\mathrm{d}L_2} = \frac{\alpha_1 - \alpha_2}{\alpha_2}$$

移项后得各金属管之改正数为：

$$\left.\begin{aligned}\mathrm{d}L_1 &= \frac{\alpha_1}{\alpha_1 - \alpha_2}\Delta \\ \mathrm{d}L_2 &= \frac{\alpha_2}{\alpha_1 - \alpha_2}\Delta\end{aligned}\right\} \tag{3-2}$$

设 1 号金属管为钢管，2 号金属管为铝管，已知钢的线胀系数为 0.000 012/℃，铝的线胀系数为 0.000 024/℃，于是钢、铝管各自的改正数为：

钢管　$\mathrm{d}L_1 = -\Delta$

铝管　$\mathrm{d}L_2 = -2\Delta$

由此可见，我们只需测出两管长度变化的差数，即可求出它们各自的改正数。两管长度变化的差数通过如图 3-3 所示的标志上的读数装置来实现。

但是也应该指出的是,设置深埋双金属标的过程是相当复杂的。首先,必须具有处理得很好的金属管;其次,当埋设深度很深时金属管很长,往往容易产生挠曲,这样一来,得到的改正数可能含有较大的误差。

深埋双金属标在施工埋设时先钻孔穿过地层或风化岩层,达到坚硬的新鲜岩石,用水泥砂浆固定套管,然后在套管内装置直径各为 30 mm 的钢、铝管各一根。以钢管标点高程为基准,并借铝管标点高程提供温度改正资料。

5. 平硐岩石标

为避免标志及视线受温度变化的影响,采用平硐岩石标是一种有效的方法。它需选择较大完整的岩石凿进标石室,其结构见图 3-5。平硐出口处建一过渡室。该室有内、外两门,内门通平硐,外门通硐外。平硐内设有标点,过渡室设外标点,工作时先将水准仪置于过渡室内,关闭外门,当过渡室室温与平硐内一致时,将内标点高程传到外标点,此后关闭内门,开启外门,并将仪器置于硐外,待过渡室内温度与外界温度一致后,再将高程传递到硐外。这样可避免因视线在不同介质中而产生折光影响,同时可避免温度对内标点的影响(当精密水准仪出入廊道时,也应设类似上述的过渡室)。

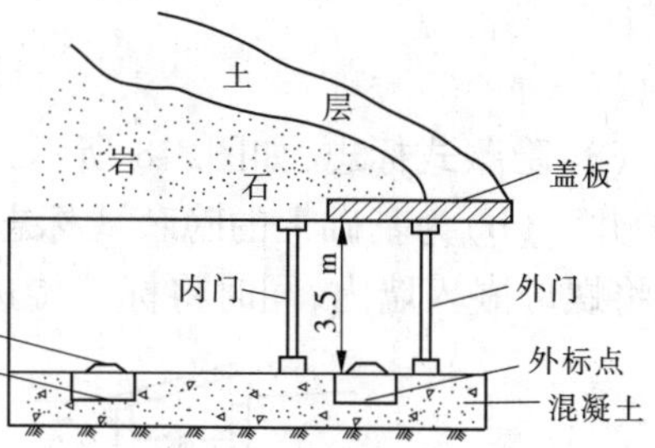

图 3-5 平硐岩石标

需要指出的是,标志点的形式是多种多样的,但无论何种标志,水准基点的底盘均应埋于最大冻土层以下 0.5 m。还应注意不要埋在建筑废弃土或地表土等人工土内。

(三)工作基点的标志与布设

关于工作基点,一般采用地表岩石标。当覆盖土层较厚时,可采用混凝土水准标石。

(四)测点标志与埋设

沉降观测点是测量沉降量的依据,应布设在最有代表性的地点,即要埋设在真正能反映建筑物发生沉降变形的位置。观测点是固定在房屋结构基础、柱、墙上的测量标志。

1. 工业与民用建筑物观测标志

工业与民用建筑物的沉降观测点应选择在真正能反映建筑物发生变形的地方,根据不同的对象(基础、柱子等)埋设相应形式的标志。

(1)设备基础上的标志:各种基础观测点标志多用铆钉或钢筋制作。如图 3-6 所示:(a)为垫板式,(b)为弯钩式,(c)为燕尾式,(d)为 U 形式。

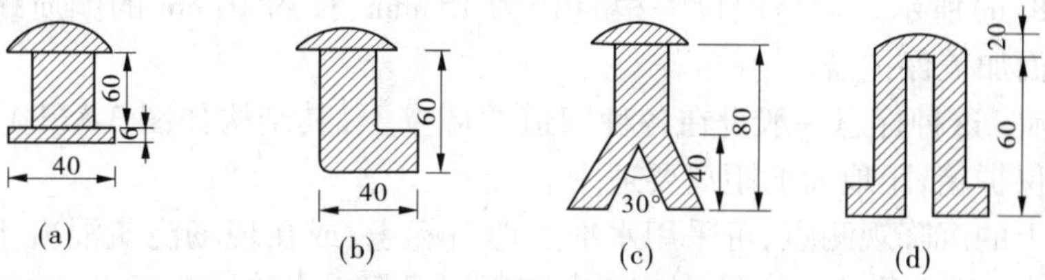

图 3-6 设备基础上的标志

(2)墙柱上的标志:如图 3-7 所示是一组柱基础上的沉降观测标志,一般是将弯钩式的观测标志平向插入,或用角钢等成 60°角插入柱基础内,再用 1∶2 的水泥砂浆填充即可。

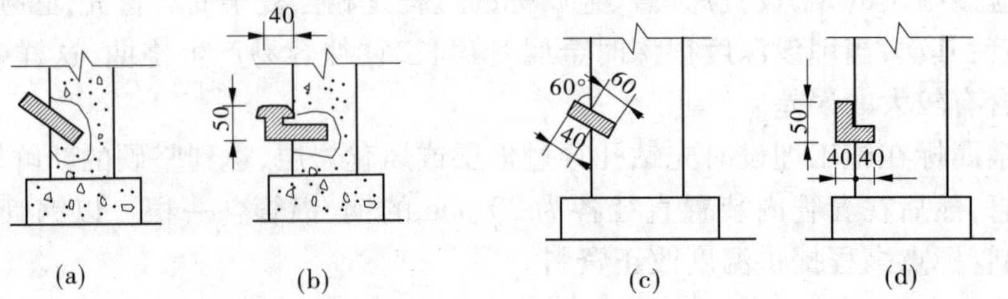

图 3-7 墙柱上的标志

(3)隐藏式标志:如图 3-8 所示,(a)为检查井式,埋设在室内地坪以下约 10 cm 处,砌一保护井。(b)为基础上的隐蔽式标志。(c)为螺旋式,用铜或铝合金加工成带丝口的活动标志,将螺母嵌入墙内,同时将标心旋进,测量之后再旋下标心,拧上保护盖。

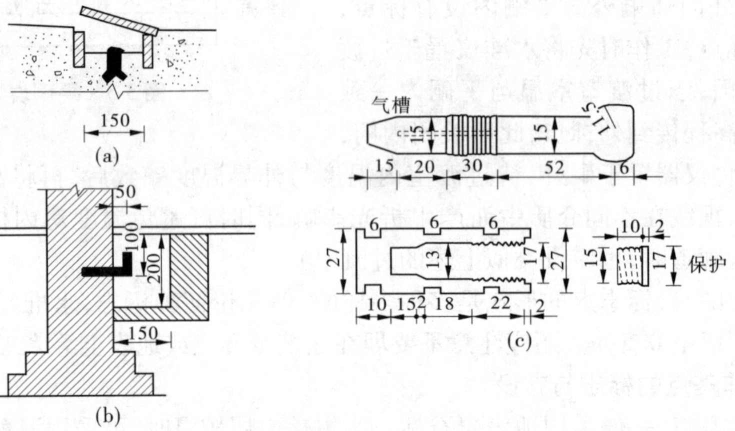

图 3-8 隐藏式标志

2. 大坝观测点标志

混凝土大坝的沉降观测点,按其设备可分为四种:坝面测点、廊道测点、基础测点及其他工程(如电厂厂房)测点。它们采用如下几种形式:

(1)综合标。对于这种标型,垂直位移观测标志是附设在水平位移观测墩上或其强制对中设备上的,这是各种坝型经常采用的形式。参见本章第三节的观测墩插图 3-11 和图 3-12。

(2)混凝土嵌心标。这种标志直接埋于混凝土坝面之上,作为独立的垂直位移标志。其结构如图 3-8(a)所示。它是埋设一根直径为 15 mm、长约 10 cm 的铜质螺栓,头部露出 0.5 ~1 cm,上面加盖保护盖。

(3)墙上标。这种标志一般设在各种廊道的墙壁上,其结构如图 3-8(b)所示。该标志墙外设有钢质保护箱,距地面的距离要适中。

对于土坝上的沉降观测点,可采用水准点埋石标志,或在现场浇筑混凝土墩,混凝土顶部埋一钢质标志,标头露出 0.5 ~1 cm,标点四周用混凝土浇筑标盒顶面加一保护盖。

3. 沉降观测点的埋设

工业与民用建筑物沉降观测点的埋设,一般在室内地坪 +0.5 m 较为适宜。但在布置时应根据建筑物层高、管道标高、室内走廊、平顶标高等情况来确定观测点的埋设标高。一般要求观测点以上的净空高度不应少于3.2 m,以保证观测工作的进行。同时应注意所埋设的观测点要让开柱间的横隔墙以及外墙上的雨水管道等,以免所埋设的观测点在施工时无法观测而影响观测资料的完整性。

在浇灌基础时,应根据沉降观测点的相邻位置埋设临时的基础观测点。若基础本身荷载很大,可能在基础施工时就产生一定的沉降,这时应埋设临时的垫层观测点,或基础口上的临时观测点,待永久观测点埋设完毕后,立即将高程引到永久观测点上。在观测期间如发现观测点被破坏,应立即处理。

二、沉降观测

沉降观测是指定期测量观测点相对于水准基点的高差,从而求得观测点的高程,并将不同时期所得到的高层加以比较,得出建筑物的沉降数据等资料。

(一)基本方法

目前,沉降观测中用得最多的是几何水准测量方法。对于中、小型厂房和土工建筑物的沉降观测一般可采用普通水准测量的方法,而对于大型厂房、高层建筑物及混凝土坝等高大重要的混凝土建筑物,则一般采用精密水准测量的方法。

考虑到沉降观测本身的特点,为了保证其质量和观测的方便,无论建筑物是何种类型,工作在何种场合,除遵循一般水准测量的有关规定外,还应该注意如下事项:

(1)水准路线应尽量构成闭合环的形式,以便为每期观测提供必要的检核,并通过平差提高精度。

(2)应采用“三固定”的方法来提高沉降观测的精度。所谓“三固定”,就是各期观测中固定观测员、固定仪器、固定施测线路。采用“三固定”的方法之所以能提高精度,是因为它在整个变形观测过程中把偶然误差加以系统化,使其在各期观测的差值中自动消除。

(3)在固定线路上的固定测站、转点位置上设置临时标志和尺桩,以加快观测速度。

(4)施工阶段的沉降观测,应利用建筑物平面图分段记录观测时的施工进度,以便绘制沉降量与荷载的关系曲线图。

(二)工业与民用建筑物沉降观测

对于工业及民用建筑物,沉降观测的主要内容是基础沉降观测。其基点一般为深埋标志,对于中、小型厂房,可采用三等水准;而对于大型厂房、连续生产的设备基础和动力基础、高层的混凝土建筑物,则一般采用二等水准。关于二、三等水准作业的方法可参考有关规范,但沉降观测的水准视线较短,一般不超过25 m。

在软土上挖掘深基础(8~10 m以上)时,随着基坑的开挖,其底部会逐渐隆起。当建筑物荷载加上去以后,这部分隆起(回弹量)多半会重新沉下去。如果我们不知道基坑隆起了多高,就会把坑底“超挖”。这样,或者要消耗大量的建筑材料去抵偿这些超挖量,或者建筑物将低于设计标高,通常会误认为它是施工建筑物的沉降量。因此,在软土上挖掘深基础时应进行基坑回弹观测。

基坑回弹观测的要点是在基坑开挖之前先测得坑底土层的高程,待基坑挖到一定的深度以后,复测土层的高程,其与初始高程之差即为基坑回弹量。为此,在基坑开挖前就要在该土层中将观测时所用的标志埋设在基础各部分所钻的钻孔中,标志顶部高程应低于基坑底面0.5 m左右。标志的形式一般为一节钢管,管顶焊一半圆形端头,管壁钻有孔眼,如

图3-9中的下部所示。埋设时,先将标志吊入钻孔底部,浇筑水泥砂浆,使标志与土层或岩层固结。

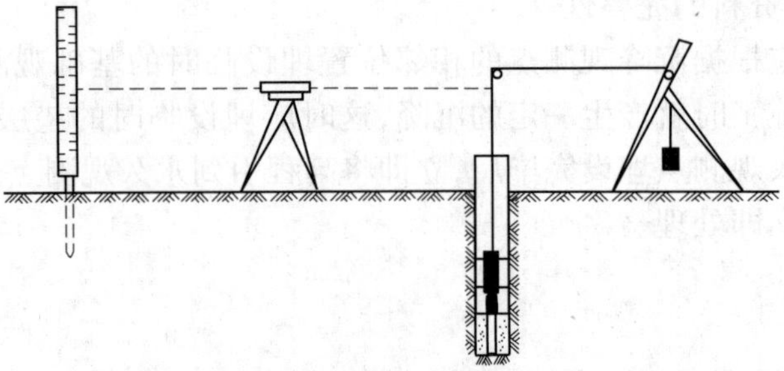

图3-9　深式回弹高程变化观测

对于这类深式高程变化的观测,一般采用一种特制的钢线尺或钢尺悬吊重锤与标顶接触的办法,如图3-9所示。测量时必须使重锤与水准标点很好地接触,因此需要多次将重锤拉上放下,进行检查。

对于埋设在基础上的观测点,在砌筑墙壁或安装设备后、机器开始运转之前,一旦埋设工作完成,就需开始第一次观测,往后随着荷重的逐步增加而重复进行观测。在运行期间,根据沉降的快慢再确定重复观测的周期,每月、每季、每半年或每年观测一次,一直到沉降完全停止。

由于在观测各个基础时水准路线往往不很长,并且其闭合差一般不会超过1~2 mm,因此闭合差可按测站平均分配。如果观测点之间的距离相差很大,则闭合差可以按距离成比例地分配。

(三)大坝沉降观测

混凝土坝的沉降观测包括两个内容:基础沉降观测和坝体在垂直方向上的伸缩观测。由于其沉降范围大,故设置了坝端上的工作基点和位于坝体下游且远离坝体的固定基点。其观测一般分为两级进行,一级是从固定基点到工作基点的基点观测,另一级是从工作基点到观测点的测点观测。

基点观测原则上按一等水准测量的要求实施,要求每千米水准测量高差中数的中误差不大于0.5 mm。此项工作一般每年进行一次,且应尽可能固定月份。

测点观测基本上按二等水准测量的操作规程实施。由于沉降观测在施工过程中就开始,因此受施工干扰大;而且大部分观测工作是在廊道内进行的,从而增加了观测的难度。这主要是因为有的廊道高度较低,有的廊道底面呈阶梯形状等,使用立尺、架设仪器和观测都受到一定的限制;尤其是基础廊道,高低不平,起伏坡度变化大,使得视线很短,有的甚至短至3 m,使每千米的测站数增加很多。为了顺利地按要求完成测点观测,根据生产单位的经验,可作如下补充规定:

(1)仪器至标尺的距离,最长不得超过40 m,每站的前、后视距差不得大于0.3 m,前后视距差累积不得大于1 m,基辅差不得超过0.25 mm;

(2)每次观测进出廊道前后,仪器、标尺均需凉置0.5 h后才能进行观测;

(3)在廊道内观测采用手电筒照明。

大坝沉降观测的周期,在施工期间和运转初期的观测次数较多,而运转后期,当已掌握其变形规律后,观测次数可适当减少,但在出现暴雨、洪峰、地震等特殊情况下,除规定的周期观测外,尚应增加补充的测次。

测点观测的水准路线常敷设成两个工作基点之间的附合路线。每次观测值均要加入标尺长度改正。根据视线短、每千米线路测站数很多的特点,对附合线路闭合差一般采取按测段的测站数多少进行分配的方法,然后根据工作基点的高程推算各沉降观测点的高程;而对于钢管标点,还需要加入钢管温度改正,计算出观测点与首次观测时的同温高程。将本次计算的各观测点高程与各点首次观测的高程比较,即可求得各观测点相对于本点首次观测的沉降量,其符号规定为:下沉为正,上升为负。

还需指出的是,工作基点本身逐年会有些下沉,但各次沉降观测点高程仍以工作基点的首次高程作为起算高程,而将工作基点各年的下沉量视为一常数,在分析资料时一并考虑。

各期水准测量成果的计算与一般控制测量水准测量平差计算的方法相同。在求出每期观测时各测点的高程后,即可比较不同时间各相同测点的高程,以求出沉降量。

第三节　水平位移观测

一、概述

所谓水平位移,是指工程建筑物在水平面内的变形。其表现形式为在不同时期平面坐标或距离的变化。

水平位移观测是大坝变形观测的一项重要内容。对于工业企业、科学试验与军事设施中的各种工艺设备、导轨等,一般也要求作水平位移观测。

水平位移观测的方法较多,有常规的地面控制测量方法,如导线法、前方交会法等;也有各种专用方法,如基准线法、正垂线法、倒垂线法等。对于各种不同的方法,其测点与工作基点及其标志的布设都有专门的要求。因此,这些内容将在介绍各种方法时一起讨论。

对于工艺设备的水平位移观测,由于其变形的范围有限,基点的布设是十分方便的。而对于大坝来说,水平位移观测基点的布设则一般采用固定基点和工作基点深埋与远设相结合的办法。

二、基准线法

(一)基准线法的基本原理

对于直线型大坝,广泛地采用基准线法测定坝体垂直于坝轴线方向的水平位移。基准线法的形式颇多,有测小角法、活动觇牌法、激光准直法及引张线法等,其基本原理是相同的。

基准线法测定水平位移的基本原理是:以通过建筑物轴线或平行于建筑物轴线的竖直平面为基准面,在不同时期分别测定大致位于轴线上的观测点相对于此基准面的偏离值。比较同一点在不同时期的偏离值,即可求出观测点在垂直于轴线方向的水平位移。

如图3-10所示,*A*、*B*分别为轴线的端点。它们作为工作基点埋标后便固定了该轴线。*C*为大致位于该轴线所确定的竖直面内的观测点。由于垂直轴线方向的水平位移,它们移到了*C*的位置。显然,此种位移量可由通过*A*、*B*两点的竖直面来测定。例如,对于*C*点,1月测得偏离值为1.7 mm,2月测得偏离值为3.6 mm。由此得到*C*点1月到2月在垂直于

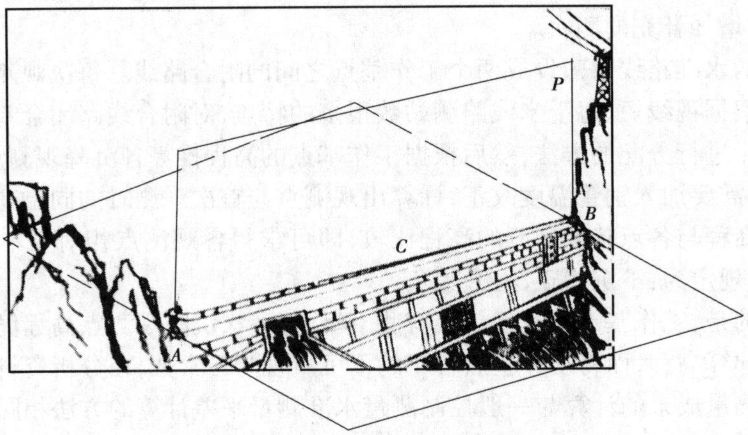

图 3-10 基准线法原理

轴线方向上的位移为:

$$d_1 = 3.6 - 1.7 = 1.9(\mathrm{mm})$$

由此可见,利用基准线法测定水平位移的关键是:测定上述偏离值 l。基准线法的各种形式的差别也正在于测定 l 所用的方法和仪器不同。

大坝变形观测的精度一般要求很高,但边长相对于大地测量却又很短,且变化又大。因此,采用基准线法进行观测时对于观测系统的布设、工作基点上的观测墩观测点上标志的设计是十分讲究的。

(二)基准线观测系统的布设

基准线观测系统一般布设三级点位,即检核基点、工作基点和观测点。其中检核基点用控制工作基点。

工作基点应布设在不会受任何破坏,又便于观测的岩石或坚实的土基上。通常是在建筑物两岸各纵排观测点的延长线上各布设一个。若地形许可,应设在稍高的位置,以使基准线高出坝面 5 ~10 m,并使其附近无金属或其他结构物,以减少视线受旁折光及坝面热辐射的影响。工作基点点位选择的优劣将影响日后的观测精度及资料的连续性,故对点位方案应谨慎考虑。

当坝长在 500 m 以上时,为减少观测误差,也可在坝上增设若干兼作测点的工作基点进行分段观测。其分段间距的大小可根据所用仪器的性能而定,当望远镜放大倍率为 40 倍时,作基点的间距最大以 400 m 为宜。

(三)观测墩

对于基准线法,一般都要求在观测系统的各点上都建立观测墩,在观测墩上设有强制对中装置。这样一方面可以提高观测精度,另一方面可减少仪器安置的时间,以提高工效。

观测墩的结构一般如图 3-11 所示。工作基点和检测基点的观测墩一般均直接建造在基岩上。测点上的观测墩可以在图 3-11 的基础上适当地缩小尺寸,但高度不应小于 0.8 m,以削弱大气折光的影响。关于强制对中设备,首先应保证它是仪器和觇标通用的,一般要求其对中误差小于 0.1 mm。满足这些要求的对中设备很多,图 3-12 是两种对中圆盘的俯视图。

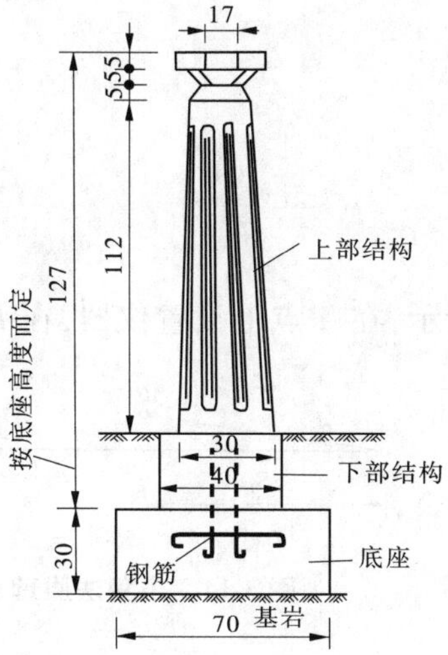

图 3-11　观测墩结构示意图　（单位:cm）

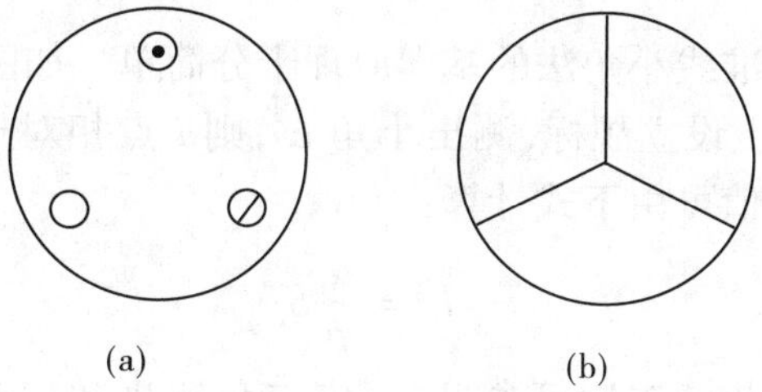

图 3-12　对中圆盘的俯视图

(四)照准标志

照准标志的形式较多,如杆式、塔形杆式和觇牌式。设计照准标志的目的是减少照准误差,其效果应该使照准时易于集中注意力、目标明确、有明显的几何中心轴感。设计时应考虑以下六方面的内容:

(1)反差大。用不同颜色的觇牌所进行的试验表明,以白色作底色,以黑色作图案的觇牌最好。白色与红色配合,虽能获得较好的反差,但它相对前者而言易使观测者产生疲劳。

(2)没有相位差。采用平面觇牌可以消除相位差,在基准线观测中一般采用平面觇牌。

(3)图案应对称。

(4)应有适当的参考面积。为了精确照准,应使十字丝两边有足够的比较面积。同心圆环图案对精确照准是不利的。

(5)便于安置。所设计的觇牌希望能随意安置,亦即当觇牌有一定倾斜时仍能保证精确照准。

(6)觇牌应做成狭长状。宽、长之比约为 1∶1.8,为了避免观测时觇标被风刮倒,可在觇牌的顶部设若干对称圆孔。

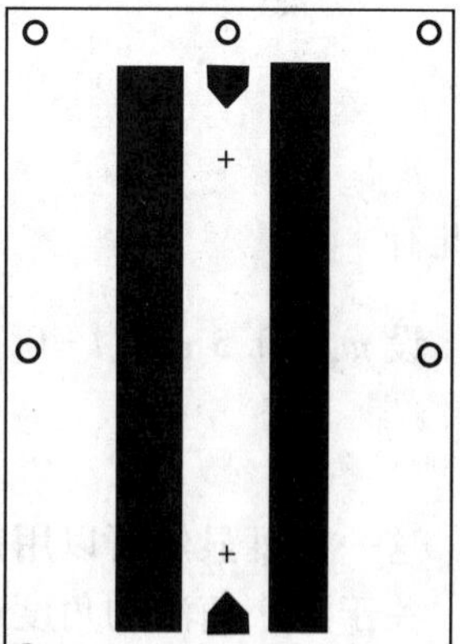

图 3-13　双线照准觇标

如图 3-13 所示的双线标志是比较合适的觇牌图案,其底色为白色,标志为黑色。试验表明,在觇牌的分划板倾斜大约 5°时,观测者仍可通过十字丝两边楔形面积的比较达到精确照准的目的。其双线标志的宽度可按下式计算:

$$l = \frac{3b}{f}S \tag{3-3}$$

式中　S——视线长度;

b——十字丝丝粗;

f——物镜焦距。

对于近距离照准,可采用单线标志。这种单线标志通过仪器的十字丝双丝夹住标志来实现照准。其单线标志的宽度可按下式计算:

$$l = \frac{\mu}{2\rho}S \tag{3-4}$$

式中　μ——十字丝双丝所夹角值；

$\rho = 206\ 265''$。

三、视准线小角法

视准线小角法的基本原理十分简单。如图3-14所示，在A点上设置仪器，在B点及观测点i上设立觇标，测出小角α_i，则i点相对于基准线的偏离值可由下式计算：

$$l_i = \frac{\alpha_i}{\rho}S_i \tag{3-5}$$

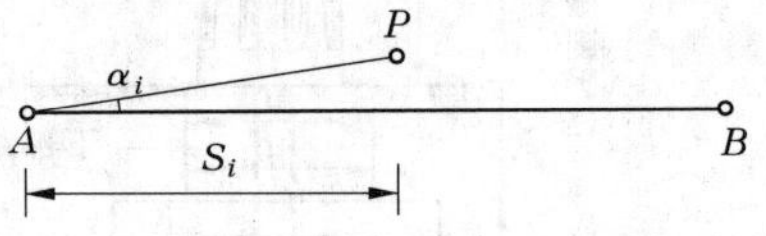

图3-14　小角法原理

小角的观测可参见《国家三角测量和精密导线测量规范》的一、二等方向观测的有关规定。对于一般水坝，可观测四个测回。由于是高精度观测，务必选择有利的观测时间。读数测微盘需用光电照明，测站处一般都设有观测亭。

下面的推导结果将证明，小角法中边长的观测精度要求很低。因此，一般只在首次观测中用钢尺量出，以后每次观测均采用同一结果。推导过程如下：

由式(3-5)和误差传播定律可得：

$$m_l^2 = \frac{1}{\rho^2}S^2 m_\alpha^2 + \frac{1}{\rho^2}\alpha^2 m_s^2 \tag{3-6}$$

式中，第一项反映了测小角误差的影响；第二项反映了量边误差的影响。

为了探讨量边误差的要求，先假定m_s项影响可以忽略不计，此时应该有：

$$\left.\begin{aligned} &\frac{1}{\rho}\alpha m_s \leqslant 0.4m_l \\ &m_s \leqslant \frac{0.4m_l}{\alpha}\rho \\ &m_s \leqslant 0.4\frac{\rho}{\alpha}m_l = 0.4S\frac{m_l}{l} \end{aligned}\right\} \tag{3-7}$$

因此有

$$\left(\frac{m_s}{S}\right)_{限} = 0.4\frac{m_l}{l}$$

设$m_i = 0.5$ mm，$l = 0.5$ m，可算得：

$$\left(\frac{m_s}{S}\right)_{限} = \frac{1}{2\ 500}$$

这一精度显然可以用钢尺丈量的方法达到。对于小的偏离值l，精度要求会更低。

关于测小角法的角度观测精度，可在确定偏移量的测定精度以后由如下公式确定：

$$(m_\alpha)_{限} = \rho\frac{m_l}{S} \tag{3-8}$$

【例3-1】　某大坝变形观测问题，大坝在垂直于坝轴线方向上的最大允许水平位移为20 mm，l点离端点的距离为200 m，试确定小角法观测时，角度观测的必要精度。

解：首先，由题意可确定位移观测值Δ_l的必要精度为：

$$(m_{\Delta_l})_{限} = \pm \frac{1}{20} \times 20 = \pm 1(\mathrm{mm})$$

由于

$$\Delta_l = l_2 - l_1$$

故有

$$m_{\Delta_l} = \sqrt{2} m_l$$

$$m_l = \pm \frac{1}{\sqrt{2}} m_{\Delta_l} = \pm \frac{1}{\sqrt{2}} = \pm 0.7(\mathrm{mm})$$

将以上数据代入式(3-8),即可得到

$$(m_\alpha)_{限} = \pm \frac{2.06 \times 10^5}{2.00 \times 10^5} \times 0.7 = \pm 0.7''$$

四、引张线法

引张线法即是利用一根在两端拉紧的钢丝(国外也有用高强度的尼龙丝)来建立起基准面,以直接测定偏移值的方法。由于钢丝被固定在两端的工作基点上,观测点在不同时间相对于钢丝的偏移值的差即是该观测点在垂直于坝轴线方向上的水平位移。

引进线一般布设在混凝土坝或圬工坝的坝顶或不同高度的廊道内。两端点应尽可能在两岸地基稳定处建立,若引张线法的端点设在坝体上,在端点处应建立"倒垂线"或采取其他措施测定其位移。

(一)引张线的组成

引张线的结构可分为端点、测点、测线及测线保护管四个部分,其中测线通常采用钢丝或尼龙丝材料。为了解决引张线法垂曲过大而影响观测的问题,可在引张线的中间每隔20~30 m 建立用水或其他液体所支持的浮托装置。

现将引张线法的各部分介绍如下:

(1)端点。端点由墩座、夹线装备、滑轮、线锤连接装置等构件组成。端点的墩座采用钢筋混凝土金属结构,如图 3-15(a)所示,图 3-15(b)为端点的夹线装置。夹线装置是端点的关键部件,它起着固定钢丝的作用。为了不损坏钢丝,V 形槽及压板底部应镶以钢质软金

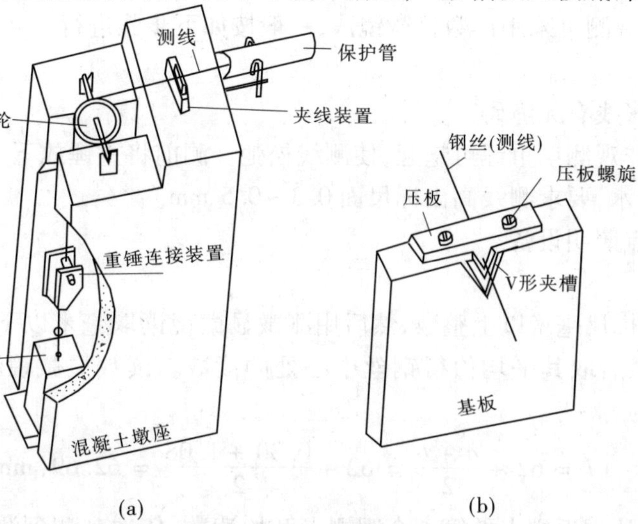

图 3-15　引张线端点与线夹装置

属。重锤最好采用砝码式，总重不超过钢丝的允许拉力。

(2)测点。测点一般与浮托装置结合在一起。如图3-16所示，它由浮托装置、标尺及保护箱等组成。

浮托装置主要由水箱及浮船组成，浮船支承钢丝。浮船的排水量可由下式计算：

$$Q = \frac{S_1 + S_2}{2} W_1 + W_2 \qquad (3\text{-}9)$$

式中 S_1、S_2——浮船两边引张线的长度；

W_1——钢丝单位长度的重量；

W_2——船的自重。

浮船体积可由排水量确定，一般为排水量 Q 的1.2~1.5倍。水箱体积则为浮船体积的1.5~2.0倍。水箱外侧装有水阀，以调节浮船高度。尺由不锈钢制成，其长度为15 cm左右。标尺上的最小分划为1 mm。它固定在槽钢面上，槽埋入廊道内，并与之牢固结合。引张线各观测点的标尺基本上位于同一高度面上，尺面应水平且刻划线平行于引张线。

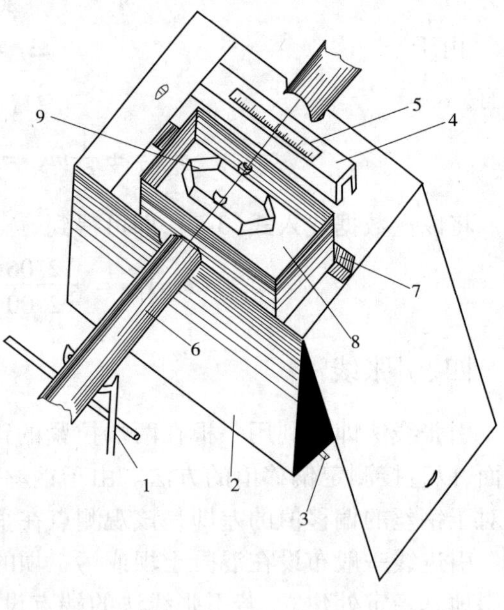

1—保护管支架；2—保护箱；3—钢筋；4—槽钢；5—标尺；6—测线保护管；7—角钢；8—水箱；9—浮船

图3-16 测点装置

(3)测线及其保护管：保护管用于保护观测点装置，同时可以防风，以提高观测精度。

测线一般采用直径为0.6~1.2 mm的不锈钢丝或碳素钢丝等强度大、变形小的材料，两端重锤的作用下引张为一直线。保护管用以保护测线不受损坏，同时起到防风作用。保护可用直径大于10 cm的透明塑料管，以保证测线在管内有足够的活动空间。

(二)观测

引张线法的观测可采用读数显微镜法，一般按如下步骤进行。

1.准备工作

(1)检查引张线有无障碍。

(2)放锤。非观测期重锤可垫起，使测线松弛。测前将重锤放下，张紧测线。

(3)夹线、加水，要求测线高出标尺面0.3~0.5 mm。

(4)安设测点照明设备。

2.读数

先目视读数标尺毫米以上整数，然后用测微显微镜读取毫米以下小数。应读取钢丝左右两边的读数，然后取其平均值得钢丝中心处的读数。读数显微镜测读系统如图3-17所示，图中的读数为：

$$l = 62 + \frac{a+b}{2} = 62 + \frac{0.30 + 1.08}{2} = 62.69(\text{mm})$$

通常观测是从靠近端点的第一个观测点开始读数，依次观测到测线的另一端点。此为一个测回，每观测三个测回称为一次观测。各测回之间应轻微拨动中间观测点上的浮船，使

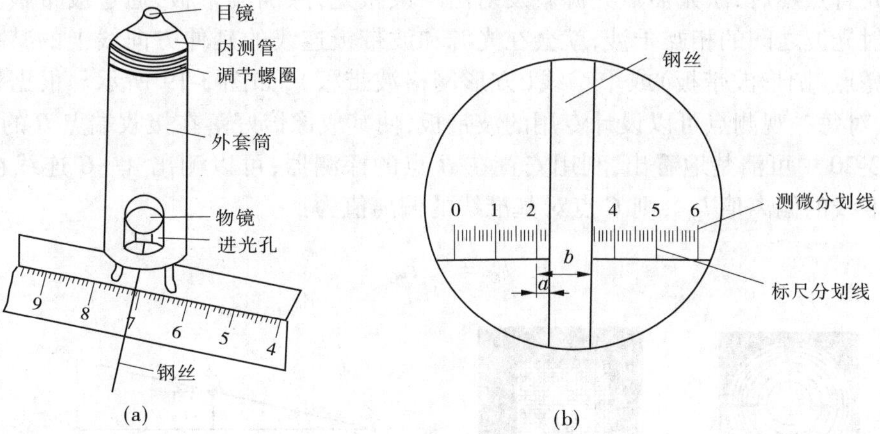

图 3-17　显微镜读数系统

整条引张线浮动，待其静止后，再进行下一测回观测。各测回间互差的限差为 0.2 mm。

为了使标尺分划线与钢丝成像能在读数显微镜现场内同样清晰，观测前加水时，应调节浮船高度至距钢丝距标尺面 0.3 ~0.5 mm。

这一数值表示钢丝粗度与标尺刻划粗度之差，这个差数在同一观测点应为一常数，其数可用做检查读数是否有误，同时反映读数的精度。

根据生产单位对引张线大量的观测资料进行分析的结果，引张线一次观测平均值的中误差约为 0.03 mm。可见，引张线法测定水平位移的精度是较高的。

(三)光电跟踪式引张线观测仪

上述的读数显微镜法虽能满足生产要求，但需观测人员到现场逐点观测，不但费时，而且作业条件差，劳动强度大，尤其是在发生地震和特大洪水等关键时刻，不易迅速取得数据，对监视大坝安全不利。光电跟踪式自动化遥测引张线观测仪可以实现读数的自动化，它在光电头运动区间的两端设有安全限位装置，从而保证正常跟踪和读数工作。

五、激光准直法

激光准直测量用于测定某一方向上点的相对变化，可以是准直方向，也可以是垂直方向。激光准直按原理分为两类：一类是利用激光方向性强的特点，采用激光经纬仪直接准直；另一类是利用激光单色性好的特点，采用波带板进行衍射法准直，准直精度可达 1×10^{-6}。

波带板激光准直系统如图 3-18 所示，波带板激光准直系统由三个部件组成，即激光光源、波带板装置和光电探测器。

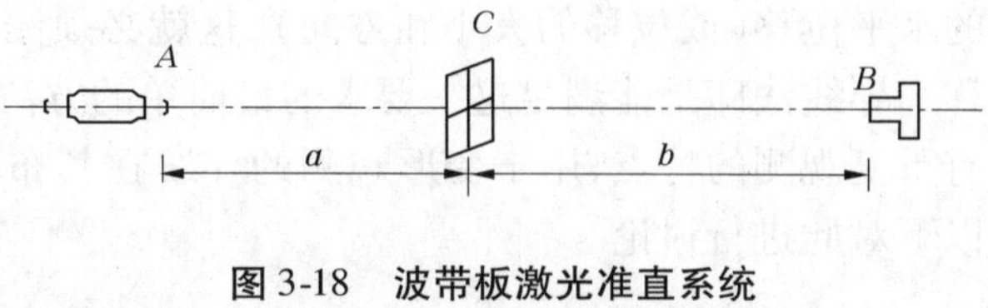

图 3-18　波带板激光准直系统

在基准线两端点分别安置激光器点光源和探测器。在需要测定偏离值的观测点上安置波带板。

当激光管点燃后，激光器点光源就发射出一束激光，照满波带板，通过波带板上不同透光孔的绕射光波之间的相互干涉，就会在光源和波带板连线的延伸方向线上的某一个位置形成一个亮点(圆形波带板)或十字线(方形网格波带板)，如图3-19所示。根据观测点的具体位置，对每一观测点可以设计专用的波带板，使其成像恰好落在接收端点B的位置上。

在图3-20中可清楚地看出，利用安置在B点的探测器，可以测出$A—C$连线在B点处相对于基准线的偏离值$l_{BC'}$，则C点对基准线的偏离值为：

$$l_C = \frac{s_C}{L} l_{BC'} \tag{3-10}$$

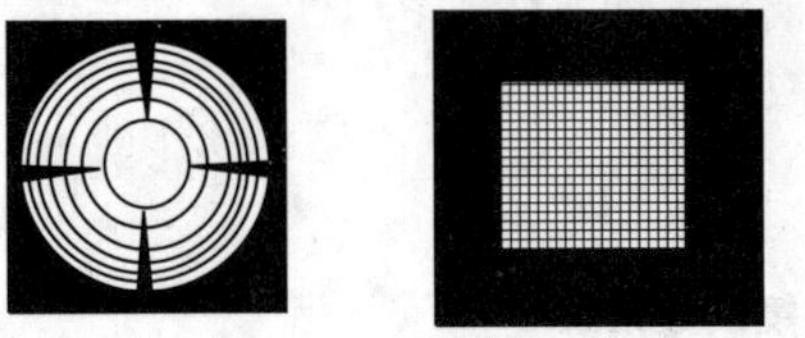

图3-19 波带板

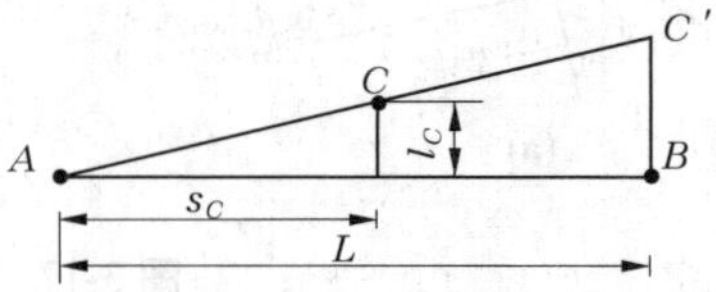

图3-20 偏离值求解原理

波带板激光准直系统中，在激光器点光源的小孔光栏后面安置一个机械斩波器，使激光束成为交流调制光，这样即可大大削弱太阳光的干扰，在白天成功地进行观测。

六、分段基准线法

对于基准线法，偏离值的测定误差将随着基准线的增长而增加，这种现象由式(3-6)即可看出，也由于基准线增长引起旁折光影响增大，从而导致m_0的增大。当基准线很长时，偏离值的测定精度将不能得到保证。另外，过长的基准线对最佳观测时间的选择也是不方便的。因此，有必要采取措施来缩短基准线的长度。

实践证明，采用分段法是解决上述问题的有效措施。其具体做法是：将整条长基准线分为若干个段，如图3-21所示分别分为两段、四段和作为分段基准线的端点，测定观测点相对于分段基准线的偏离值。最后，在计算时统一归算到整条长基准线上。

采用分段基准线法，一方面使观测视线缩短，减弱了旁折光的影响；另一方面由于观测工作分段独立进行，对每个段均可较方便地选择最佳观测时间。另外，分段基准线还可增加多余观测。因此，利用分段基准线法可以获得较高的精度。

七、导线法

基准线法测定水平位移具有速度快、精度高、计算简单的优点，但它只能测定一个方向的位移。这对于直线形建筑物是合适的，但对于拱坝、曲线形桥等非直线形建筑物，有时需要它们在任一方向上的水平位移(或位移的大小和方向)，这就必须测定建筑物在两个相互垂直方向上的水平位移。导线法即是能满足这一要求的最简单的方法之一。

由于变形观测具有重复观测的特点，用于变形观测的导线在其布设、观测、计算等诸方面均有自己的特点。以下对此进行讨论。

(一)导线的布设

由于很难提供固定方向，所以应用于变形观测中的导线，一般都是两端不测定向角的导线。导线可以布设在建筑物的适当位置(如拱坝的水平廊道中)与高度上。其边长根据现

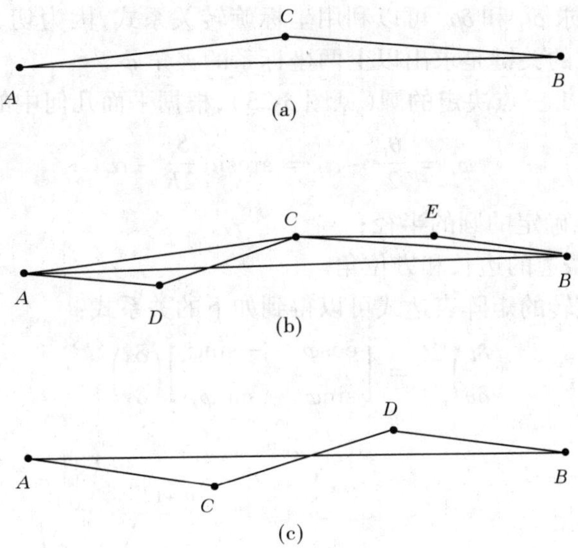

图 3-21 基准线的分段观测

场的实际情况确定。导线端点的位移,在拱坝廊道内可用倒垂线来控制,在条件许可的情况下,其倒锤点可与坝外三角点组成适当的联系图形,定期进行观测,以验证其稳定性。在拱坝水平廊道内进行位移观测而采用的导线布置形式如图 3-22 所示。

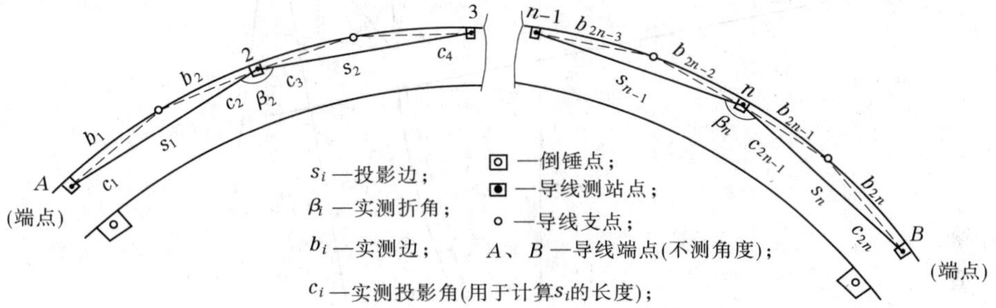

图 3-22 廊道内导线布置

(二)导线的观测

在拱坝廊道内,由于受条件限制,导线的边长一般较短,导线点数较多。为了减少导线设站点数,以减少观测工作量和误差的累积,通常采用隔点设站的方法进行观测。此时,需要观测的量为短边 b_i、隔点转折角 β_i 和投影角 c_i。计算时,可应用余弦定理由短边和投影角计算出边长 s_i。

(三)导线点的平差与位移的计算

导线观测后,应采用无定向导线严密平差计算得到各点在假设系统中的坐标,根据不同时期导线点的坐标,即可求出导线点在 x 轴方向和 y 轴方向的水平位移(相对于首次或相邻次的):

$$\left.\begin{aligned}\delta x_i^{(k)} &= x_i^{(k)} - x_i^{(1)}\\ \delta y_i^{(k)} &= y_i^{(k)} - y_i^{(1)}\end{aligned}\right\} \tag{3-11}$$

在实际工作中,通常要求了解建筑物的切向位移 δt_i 和径向位移 $\delta\mu_i$。

在已知 δx_i、δy_i 下求 δt_i 和 $\delta \mu_i$ 可以利用坐标旋转关系式，因为切、径向也可构成一个坐标系。因此，推导公式的关键是求出以上两坐标系的夹角 φ_i。

若考虑 $i-1$、i、$i+1$ 三点决定的圆（见图 3-23），根据平面几何中的弦切角定理可导出：

$$\varphi_i = \frac{\theta_i}{2} - \alpha_i = \arcsin \frac{S_i}{2R} - \alpha_i \tag{3-12}$$

式中 R——上述三点确定的圆的半径；

S_i、α_i——第 i 条边的边长和方位角。

于是，利用坐标旋转的矩阵表达式可以得到如下的关系式：

$$\begin{pmatrix} \delta t \\ \delta u \end{pmatrix}_i^{(k)} = \begin{bmatrix} \cos\varphi_i & -\sin\varphi_i \\ \sin\varphi_i & \cos\varphi_i \end{bmatrix} \begin{pmatrix} \delta x \\ \delta y \end{pmatrix}^{(k)} \tag{3-13}$$

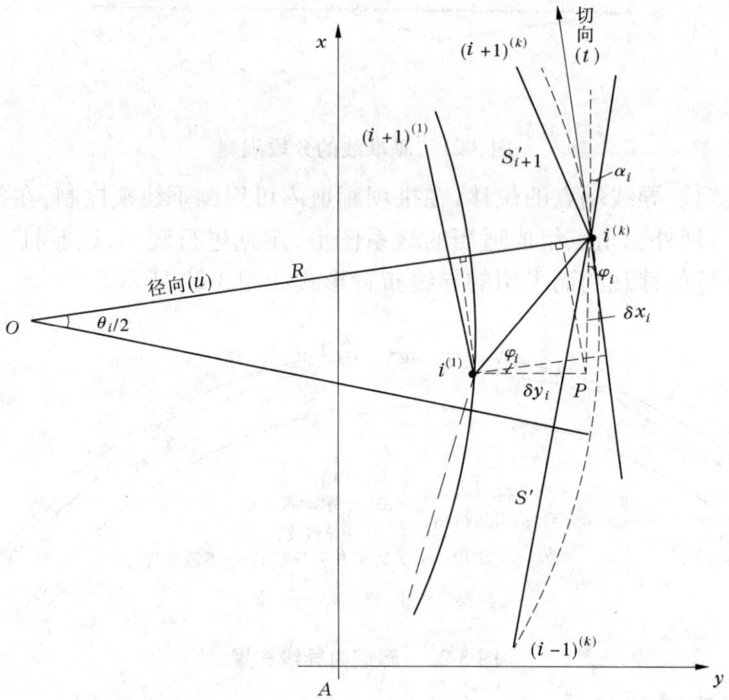

图 3-23　三点决定的圆参数

八、前方交会法

前方交会法是一种简单的观测图形，利用它可以测定不同时间某个观测点的坐标，进而计算出测点的水平位移。前方交会法一般可用于拱坝、桥梁、高层建筑物、边坡滑动等的水平位移观测。应用于变形观测的前方交会点的布设，观测及计算时均有其特点。

（一）观测系统的布设

前方交会测站点标志采用与视准线端点结构相同的观测墩，观测时应尽可能选择较远的稳固的目标作为定向点，测站点与定向点之间的距离一般要求不小于交会边的长度。观测点应埋设适用于不同方向照准的标志。对于高层建筑物的观测，为保证建筑物的美观，可在其建造时采用预埋设备，作业时将标心安上，作业完后可取下。

(二)观测

前方交会一般用 J_1 型仪器用全圆方向测回法观测 4 ~ 9 个测回,观测时应按规程要求进行。

(三)位移计算

在用解析方法求出各期交会点的坐标之后,即可求出坐标差,此坐标差即是交会点在此两期观测之间在两坐标方向上的水平位移。进一步地,还可用矢量合成法求出在任一方向上的水平位移,具体公式如下:

$$\Delta l = \Delta x\cos\alpha + \Delta y\sin\alpha \tag{3-14}$$

式中 α——l 方向与 x 轴的夹角。

当各期观测的图形和观测权不改变时,还可利用观测值的差来计算位移,以减少计算工作量。

需要指出的是,由于变形观测中要求测定的是观测点的位移值,位移值不受系统误差(包括已知数据的系统误差)的影响,因而对测站点之间的距离要求并不高,但测站点必须是稳定不动的。另外,由于变形观测中具有一系列对观测有利的条件,如仪器对中、目标偏心误差可基本消除,还可以采用有利于照准的觇牌,观测中可由同一观测员用同一仪器按同一观测方案进行观测等。因而采用前方交会时,方向中误差可以达到的精度将高于一般工程与国家控制测量中所达到的方向观测精度。一般来说,当交会边长在 100 m 左右时,用 J_1 型经纬仪观测 6 个测回,位移值测定中误差将不超过 1 mm。

第四节　倾斜观测

建筑物因地基的不均匀沉降或其他原因,往往会产生倾斜。为了分析倾斜所带来的影响,确保建筑物的安全,必须进行建筑物的倾斜观测,以便及时采取措施。

倾斜主要是地基沉降所引起的,其表现可以分为两类:一类表现为以不均匀的水平位移为主,另一类则表现为以不均匀的沉降为主。例如,高层建筑物、塔式建筑物倾斜属前一类,而基础的倾斜属于后一类。

倾斜观测是用经纬仪、水准仪或其他专用仪器测量建筑物倾斜度随时间而变化的工作。对于上述两类倾斜,一般分别采用不同的观测方法,前者可采用先测出水平位移,然后计算倾斜的方法,即所谓的"直接法";后者可通过测量建筑物基础相对沉降的方法进行测定,即先测出沉降后计算倾斜的方法,也就是所谓的"间接法"。为了测定设备基础、平台等局部小范围内的倾斜,还可以利用气泡式倾斜仪进行观测。

一、直接法

在高层建筑物和塔式建筑物的倾斜观测中,采用的直接法的基本原理如下:

如图 3-24(a)所示,根据建筑物的设计,A 点与 B 点位于同一竖直线上,当建筑物发生倾斜时,则 A 点相对于 B 点平移了某个数值 a 至 A'点,建筑物的倾斜被定义为:

$$i = \tan\alpha = \frac{a}{h} \tag{3-15}$$

式中 h——A 点相对于 B 点的高程或建筑物的高度。

因此，只要用某种方法测定了 a 值，即可算出建筑物的倾斜 i。当 h 未知时，可用悬挂钢尺或三角测量的方法加以测量。

测定 a 值最简单的方法是吊垂线法。此法的基本思路是：从 A' 处下放一垂球线至 B 处水平面，量取 B 点到垂球线的水平距离，即为 a。该法显然极为简便，但在实际工作中往往存在如下困难：一是建筑物上难以找到能悬挂锤球线的地方；二是当建筑物较高时，锤球线难以稳定，特别是有风天气，锤球线的大幅度摆动给观测精度带来严重影响，即使是利用阻尼装置或采用测定逆转点后求平均值的办法也难以从根本上解决问题。因此，一般认为不适合精度要求较高的高层建筑物或塔式建筑物的倾斜测量。

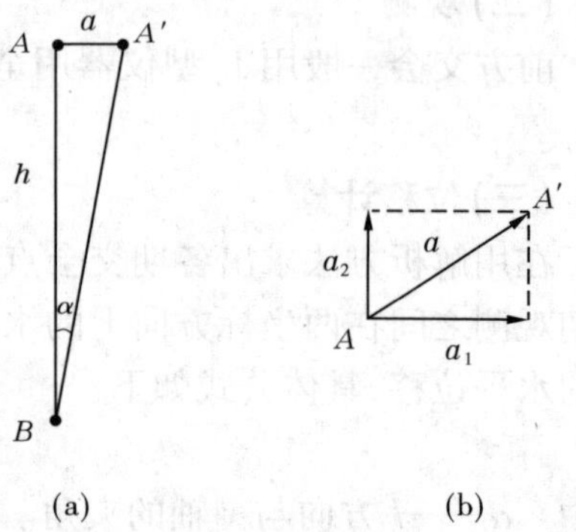

图 3-24　直接法的基本原理示意图

测量 a 值的另一种方法是投影法。该法的基本思路是：用经纬仪将 A' 投影到 B 点所在的水平面上，然后量取 B 点到投影点的距离即为 a。具体工作时，经纬仪摆在离建筑物约 1.5 m 远的测站上，很好地对中，严格地整平。分别用盘左和盘右两个盘位将 A' 点往下投影，得到两个投影点 A_1' 和 A_2'，并在地面或特制小木板上予以标记，再用一个盘位将经纬仪照准 B 点，在上述同样水平面上标记出该照准视线 B，量取该点至 A_1' 和 A_2' 中点 A' 的距离，即为该视线方向上 A' 点相对于 B 点的水平位移 a_1，然后将经纬仪搬至与原观测方向约成 90° 的方向上，用同样的方法，可测出在与 a_1 成正交方向上的 A' 点相对于 B 点的水平位移 a_2，如图 3-24(b) 所示。至此，利用矢量合成的原理即可求出 a：

$$a = \sqrt{a_1^2 + a_2^2} \tag{3-16}$$

采用投影法很显然解决了垂线法存在的不足，使得野外工作在仍然很方便的情况下，较大程度地提高了测量精度。因此，该法在建筑物的倾斜观测中得到了广泛的应用。然而投影法的实质是投点放样，因此它不可能通过增加多余观测的方法来进一步提高精度。另外，对于倾斜不是很大的塔式建筑物，这种方法是无法投点的，因为其外部轮廓上的点并不在同一竖直线上。梯形的烟囱即是一个明显的例证。

另一种同样是利用经纬仪的方法可以有效地解决上述两个问题，那就是水平角观测法。水平角观测法的基本思路如图 3-25 所示：a、b 为烟囱中心垂线上的上、下中心点在相互垂直的两个方向上很好地标定两个固定测站 O_1 和 O_2，并量取至烟囱中心的距离 b_1 和 b_2，选取通视良好的远处固定点 M_1 和 M_2。在 O_1 测站上分别用盘左、盘右两个位置，依次照准 M_1、b、a 方向。即可求出水平角 $\Delta\alpha_1 = \alpha_{b1} - \alpha_{a1}$，同样在 O_2 点上测出水平角 $\Delta\alpha_2 = \alpha_{b2} - \alpha_{a2}$。这样，两个正交方向上的位移值 a_1 和 a_2 可分别按下式求出：

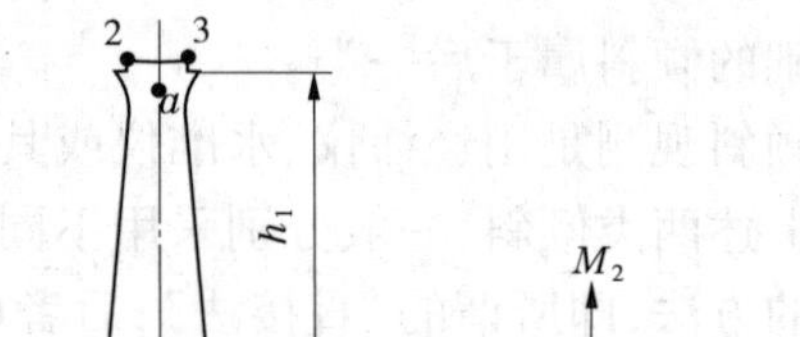

图 3-25　水平角观测法原理

$$a_1 = \frac{\Delta\alpha_1}{\rho} \times b_1 \tag{3-17}$$

$$a_2 = \frac{\Delta\alpha_2}{\rho} \times b_2 \tag{3-18}$$

实际中心 a、b 的方向值可分别由 2、3、6、7 和 1、4、5、8 点取平均值求得。然后,同样可用式(3-16)求出位移值 a。

对于外部轮廓点不在同一竖直线上的塔式建筑物,可利用其对称性,分别测定两侧方向值,然后用求其平均的方法来加以解决。

另外,采用水平观测法还可以用增加测回的办法来提高倾斜测量的精度。

二、间接法

对于工程建筑物基础的倾斜,主要监测基础是否在同一水平面上,可用间接法测量相对沉降高差 Δh,并通过基础长度 s 得出其基础倾斜度:

$$i = \tan\alpha = \frac{\Delta h}{s} \tag{3-19}$$

测量基础的相对沉降可用几何水准的方法。对于混凝土坝,一般采用二等水准进行施测。这样求得倾斜的精度可达 1″~2″。倾斜观测点一般与沉降观测点配合使用。

三、液体静力水准测量

液体静力水准测量又称为连通管测量,它是利用静止的液面传递高程的一种方法。世界上首次液体静力水准测量的试验是在丹麦首都哥本哈根进行的。这次试验获得了较好的结果,每 20 km 中误差为 ±1.0 mm。相传我国北宋的沈括在治理汴渠时,采用这种原理测量了 420 km 地面的高差。通过多年的研究,这种方法的精度可与任何水准测量的精度相媲美。目前,这种方法测定高差的精度最高可达 ±0.01 mm 左右。它的优点是不要求两点间通视,因而容易克服障碍物的阻挡。

(一)基本原理及仪器结构

液体静力水准测量的基本原理是用匀质液面构成同高面(水准面)取代水准测量中的水平视线来进行高程测量,如图 3-26 所示。图中相连通的两容器 1 和 2 分别安置在欲测的

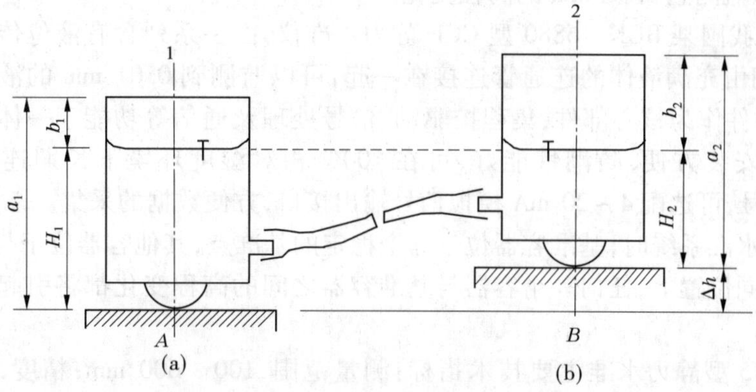

图 3-26　液体静力水准原理示意图

平面 A 与 B 上。当两容器中盛的是均匀液体(即同类液体并且有同样的参数)时,则液体的自由表面处于同一水平面上。欲求的高差 Δh 可用液面的高度 H_1 与 H_2 来计算:

$$\Delta h = H_1 - H_2$$

或

$$\Delta h = (a_1 - a_2) - (b_1 - b_2) \tag{3-20}$$

式中 a_1、a_2——容器的高度或读数零点相对于工作底面的位置;

b_1、b_2——容器中液面位置的读数值,亦即读数零点至液面的距离。

(二)静力水准仪系统

实现静力水准仪读数可采用目视法(见图 3-27)、测针接触法。现代新式静力水准测量系统采用光、电、成像等传感器技术器判断液面高度,并实现高精度和自动读数功能,构成静力水准系统。

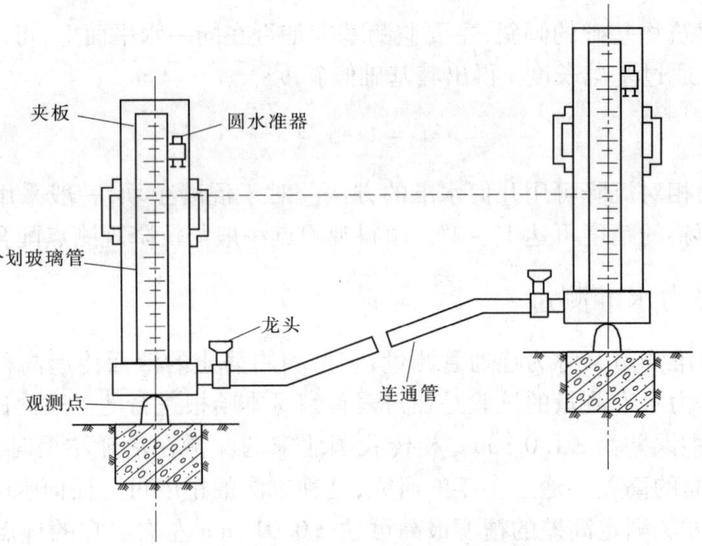

图 3-27 目视法结构

图 3-28 为我国某 BGK-4675 型静力水准沉降监测系统。它由一系列含有液位传感器的容器组成,容器之间由充液管互相连通。该系统特别适合于那些要求高精度监测垂直位移的场合,可以监测到 0.03 mm 的高程变化。

图 3-29 为我国某 BGK-6880 型 CCD 静力水准仪,由一系列含有液位传感器的容器组成,多个容器间由充满液体的连通管连接在一起,可以监测到 0.01 mm 的液位变化。该系统采用 CCD 器件作为核心部件,集程控驱动、信号处理及通信等功能于一体,精度高,无漂移,可靠性强,安装方便,防潮性能好,可在 100% 相对湿度环境下长期连续工作。具有 RS485 数字信号,可选配 4 ~ 20 mA 模拟信号输出接口,方便数据的采集。

使用静力水准系统时,基准容器位于一个稳定的基准点,其他容器位于与基准容器大约相同标高的不同位置上,任何一个容器与基准容器之间的高程变化都将引起相应容器内的液位变化。

BGK-4675 型静力水准主要技术指标:测量范围,100 ~ 600 mm;精度,±0.1%;灵敏度,0.025%;温度范围,-20 ~ +80 ℃(使用防冻液)。

BGK-6880 型 CCD 静力水准主要技术指标:标准量程,50 mm,精度,±0.1 mm;灵敏

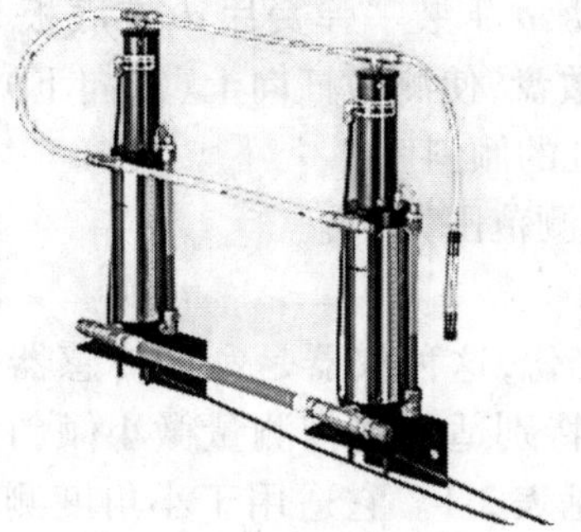

图 3-28　传感器静力水准系统

图 3-29　CCD 静力水准仪系统

度,0.01 mm;环境温度,－15～＋65 ℃;通信方式,RS485A 或 4～20 mA(可选);供电电压,100～220 VAC,50/60 Hz;系统功耗,4 W;整机质量,0.8 kg;外形尺寸,350 mm×80 mm。

(三)在变形观测中的应用

由于液体静力水准测量用匀质液面取代水平视线,所以观测时不仅无须点间相互通视,同时克服了大气拆光的影响,因此对于机械设备及廊道内的沉降观测是非常合适的。另外,由于液体静力水准测量便于实现自动化,故用于有危险情况下的沉降也是十分方便的。

液体静力水准测量广泛地用来对各种工程建筑物进行沉降与倾斜观测。进行沉降观测时,在建筑物的特征点上埋设标志,对于悬挂型液体静力水准仪埋设螺栓(销钉),而对于其他形式的仪器则埋设球状标点。

为了保证对建筑物上观测点位置的长期观测,可采用固定设置的液体静力水准仪。例如,苏联克拉斯诺雅尔斯克水电站重力坝的纵向廊道内就用固定设置的液体静力水准仪来测定大坝的沉降,我国丹江口水利枢纽重力坝的横向廊道里也用固定设置的液体静力水准仪进行大坝的倾斜观测。

四、倾斜仪

(一)气泡倾斜仪

对于局部范围的倾斜,可用气泡倾斜仪直接测定。图 3-30 所示的气泡倾斜仪由一个高灵敏度的气泡水准管 e 和一套精密的测微器组成。测微器包括测微杆 g、读数盘 h 和指标

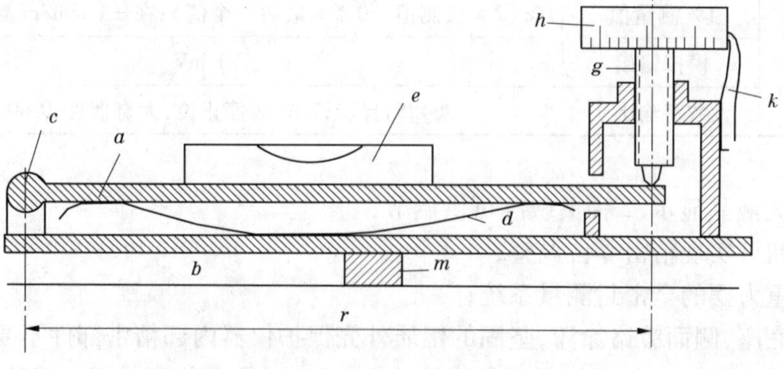

图 3-30　气泡倾斜仪

k。气泡水准管 e 固定在支架 a 上，a 可绕 c 点转动，a 下装一弹簧片 d，在底板 b 下有置放装置 m。将倾斜仪安置在需要的位置以后，转动读数盘，使测微杆向上（或向下）移动，直至水准气泡居中。此时在读数盘上读数，即可得出该处的倾斜度。

我国制造的气泡倾斜仪，灵敏度为 2″，总的观测范围为 1°。

（二）电子倾斜仪

电子倾斜仪可以自动监视建筑物倾斜度的变化，这种仪器是利用传感器原理工作的。图 3-31 为瑞士 WYLER 高精度数显电子水平仪，特别适合精密测量微小倾斜度，如平板的平面度测量以及机械几何特征测量，其技术参数见表 3-1。它适用于小角度测量、平面度测量、垂直度测量。传感器部件采用高科技的陶瓷作为基础材料，使得仪器在恶劣工厂环境下仍可无误差的使用。这种仪器具有如下特点：

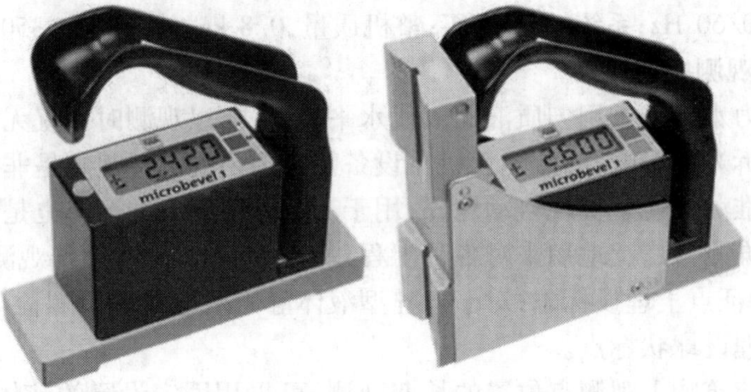

图 3-31　瑞士 WYLER 数显电子水平仪

表 3-1　瑞士 WYLER 技术参数

灵敏度	1 μm/m	
选择量程	范围 Ⅰ	范围 Ⅱ
灵敏度	10 μm/m	1 μm/m
测量范围	±20 mm/m	±2 mm/m
响应时间	小于 3 s	
误差极限	1% 测量值	1%（2×被测值 -0.5×最后一个值）；在 ±1 mm/m 测量范围内：1%
输出接口	模拟输出	1 mV
	数字输出	RS485，异步，7 位，2 停止位，无奇偶性，9 600 波特

（1）LED 大液晶显示，2 种灵敏度可供调节；

（2）用按钮可实现精密零位调整；

（3）带有重力摆的全密封测量系统；

（4）铸铁底座，侧面镀铬涂漆，坚固的铝质外壳保护仪器内部精密部件不受外界影响；

（5）ART 数字化技术与现代电子部件的结合，可以以数字化和模拟方式输出信号；

（6）1.5 V 普通电池，适用于所有标准测量基面。

第五节　挠度观测

在建筑物的垂直面内各不同高程点相对于底点的水平位移称为挠度。

对于高层建筑物，由于它们的高度相对很高，故在较小的面积上有很大的荷载，从而导致基础与建筑物的沉降，其中不均匀的沉降将导致建筑物的沉降倾斜，局部构件产生弯曲和引起裂缝。对于房屋类的高层建筑物，这种倾斜和弯曲将导致建筑物的挠曲，而对于塔式建筑物，在温度和风力荷载作用下，其挠曲会来回摆动，因而需要对建筑物进行动态观测——振动（摆动）观测。

一、正垂线的结构

建筑物的挠度可由观测不同高度处的倾斜来换算求得，当采用电子测斜仪观测倾斜时，则这种方法可以用于进行建筑物的动态观测。为了观测建筑物的振动，也可采用专用的光电观测系统，这种方法从原理上来说与激光准直仪相类似，只不过在方向上旋转了90°。

大坝的挠度可采用正垂线法进行观测，其基本原理是：在坝体竖井中从坝顶附近挂下一根铅垂线而直通至坝底。在铅垂线的不同高程上设置测点，以坐标仪测出各点与铅垂线之间的相对位移值，这种方法称为正垂线法。

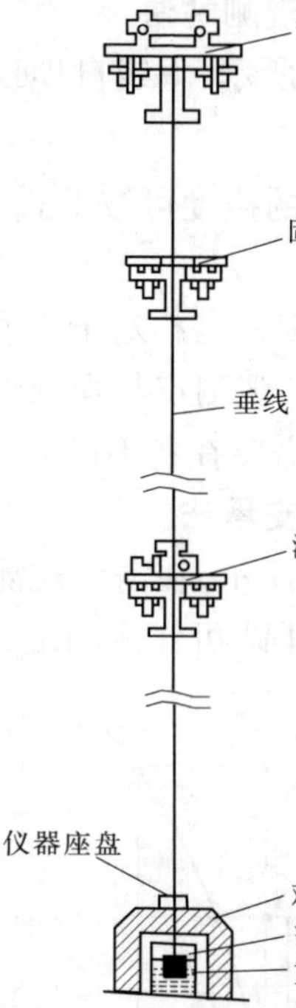

图3-32　正垂线观测装置

正垂线应选择具有代表性的坝段进行布置，一般重力坝设置在坝体竖井或宽缝内，拱坝则布设在专门设置的井筒内，其内径根据观测需要而定。如仅作保护垂线之用，则不应小于3~4倍设计位移量。

安装在竖井中的正垂线，应选择在交通、观测、检修等各方面均方便之处。在每根垂线的上、中、下部（或坝的上、中、下部）均设测点（观测站），并应注意垂线装置与固定夹线装置的间距不小于50 cm。

正垂线自上至下有悬线、固定夹线及活动夹线装置，还有观测墩、重锤及油桶等设备，如图3-32所示。

（1）固定夹线装置。它是悬挂垂线的支点，该点在使用期间应保持不变。若万一垂线受损而折断，支点应能保证所换垂线位置不变。当采用较重的重锤时，在固定夹线装置的上方1 m处设有悬线装置。固定夹线装置应装在坝顶附近人能到达之处，以便调节垂线的长度或更换垂线。

（2）活动夹线装置。如图3-33所示，它是多点夹线法观测时的支点，其构造需考虑不使垂线有突变，以免损伤垂线，同时要考虑到在每次观测时都不改变原点位置。

（3）垂线。它是一种高强度且不会生锈的金属丝，垂线的粗细由本身的强度和重锤的质量来决定，一般直径为0.8~2.5 mm。

（4）重锤及油箱。重锤是使垂线保持铅垂状态的悬挂物，可用金属或混凝土制成砝码的形式。其质量应与垂线承重相适应，当垂线直径为1 mm时，重锤质量一般为20 kg；当垂线直径为 2.5 mm 时，重锤质量为 150～200 kg。重锤上还设有止动叶片，以加速垂线的静止。油箱的作用是不使重锤旋转或摆动，亦即加大阻尼以保持重锤的稳定。

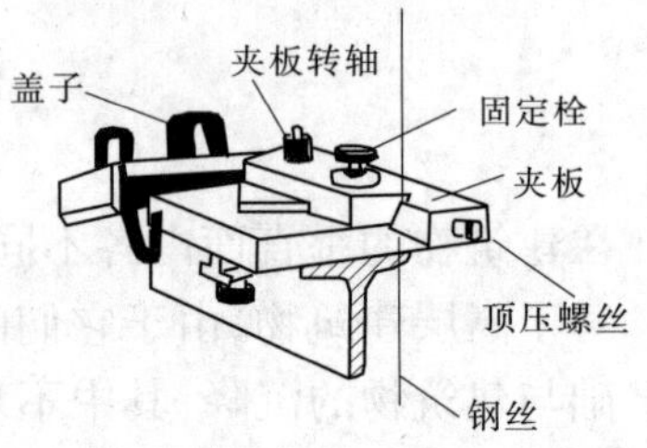

图 3-33 活动夹线装置

固定夹线及活动夹线装置一般都安装在竖井壁上预留孔或打孔埋设的工字钢或槽钢之上。为使观测值避免或减少温度影响，工字钢伸出混凝土外不宜太长，以 15 cm为宜。此外，为了使垂线不受外界影响，并保护垂线，必要时应设置防风保护设备。保护设备宜用具备不锈、轻便及耐用等优点的薄壁塑料管制成，管径不需太大。观测墩上设有防风保护箱，测站上应建有观测室。

垂线平面位置的观测读数，普遍采用垂线观测仪来获得。

二、挠度观测方法

正垂线是测定挠度的常用方法（倒垂线也可用于测定挠度），其方法一般有以下几种。

（一）多点观测站法

如图 3-34 所示，垂线自坝顶处挂下，在各观测点设置仪器观测，测得的观测值为 S_0 及 S'_N等。

任一点 N 的挠度可按下式计算：

$$S_N = S_0 - S'_N \tag{3-21}$$

式中 S_0——坝顶点相对于坝底的相对位移；

S'_N——各观测点与坝顶点之间的相对位移。

这种方法需要在各不同高程处设置观测仪器，工作不便。其优点是只需设置一根垂线。

（二）多点支承法

如图 3-35 所示，在需要观测的高程点上，多点支承吊挂垂线，于底部同一水平面处观测得 S_0、S_1、S_2。垂线可作成固定式，也可为临时夹线（多点夹线法）。

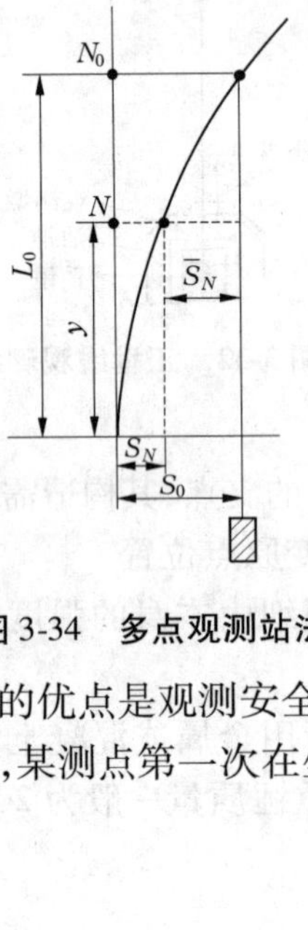

图 3-34 多点观测站法

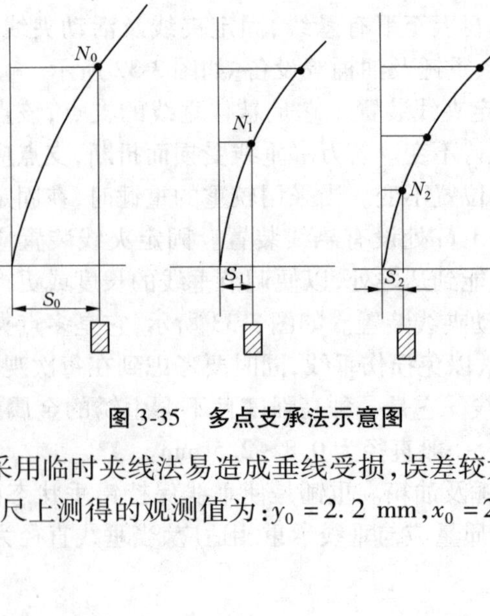

图 3-35 多点支承法示意图

此法的优点是观测安全、迅速。但采用临时夹线法易造成垂线受损，误差较大。

例如，某测点第一次在坐标仪纵、横尺上测得的观测值为：$y_0 = 2.2$ mm，$x_0 = 2.6$ mm。

同一测点本次在坐标仪纵、横尺上的观测值为:$y_1 = 1.6$ mm,$x_1 = 1.3$ mm。

则
$$\Delta_y = y_1 - y_0 = -0.6 \text{ mm} \quad (\text{向上游位移})$$
$$\Delta_x = x_1 - x_0 = -1.3 \text{ mm} \quad (\text{向右岸位移})$$

式中 Δ_y——挠度值;

Δ_x——两相邻坝段的开合度。

第六节 裂缝观测

建筑物基础不均匀沉降、温度变化和外界各种荷载的作用,都可能使建筑物内部的应力大大超过允许的限度,使建筑物的结构产生破坏和出现裂缝。如果裂缝出现后不做及时处理,将有可能危及整个建筑物的安全。对工程建筑物进行裂缝观测,可以了解裂缝产生的现状,探测其活动的规律,以便根据这些资料分析产生裂缝的原因和它对建筑物安全运行的影响程度,及时采取有效措施加以处理。所以,裂缝观测也是一项十分重要的工作。

当建筑物多处发生裂缝时,首先应对裂缝编号,然后分别观测裂缝的位置、走向、长度和高度等项目。

一、一般建筑物裂缝观测

对于一般砖砌或混凝土建筑物,可在裂缝两侧用油漆绘两平行线标志,如图3-36所示1、2,然后定期用钢尺测量 l 的变化,即反映裂缝的变化。

对于重要部位的裂缝,应设置裂缝观测标志,以便精确测量裂缝的变化,如图3-37所示。

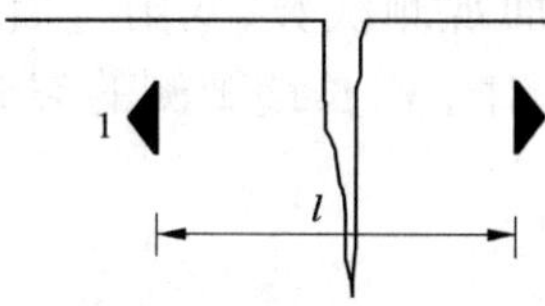

图3-36 普通裂缝观测标志

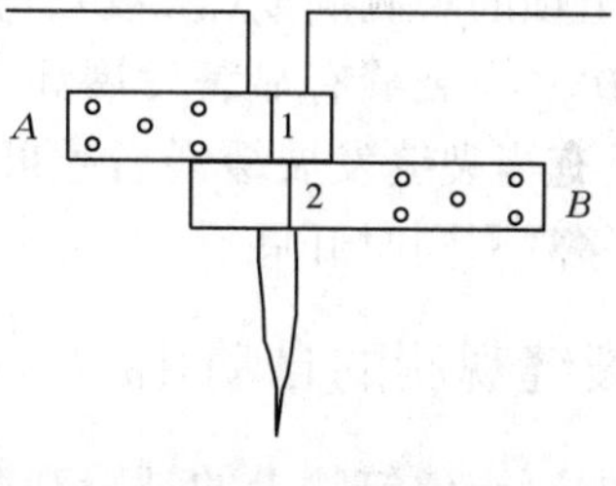

图3-37 精密裂缝观测标志

二、土坝裂缝的观测

一般情况下,对土坝裂缝的观测通常可根据实际情况及有关要求进行,其方法较为简单,观测时可选择坝体上的全部裂缝或具有代表性的重要裂缝进行观测。通过对宽度大于5 m且较深、较长的裂缝进行观测,尤其是对于那些穿过了坝轴线的裂缝、弧形裂缝、明显的垂直错缝以及土坝与混凝土建筑相连处的观测,必须进行观测。

土坝裂缝主要是对其三个变化因数进行观测,它们是裂缝长度的变化、宽度的变化和深度的变化。

土坝裂缝长度的观测可在裂缝长度的两端打下木桩作为基准,然后沿缝迹用钢尺丈量,以每次丈量的结果作为裂缝变化的考察资料。

对于土坝裂缝宽度的测量,可沿裂缝长度方向选择若干具有代表性的位置埋设双标点,如图 3-38 所示。标点的埋设地点要稳固且应靠近裂缝,双标点分别设在缝的两侧,并使其连线与裂缝的走向垂直,间距不得少于 150 mm。标志一般用直径为 20 mm、长约 60 mm 的金属棒加工而成,埋入混凝土内 40 mm,外露部分为标志头,上面加有保护盖。

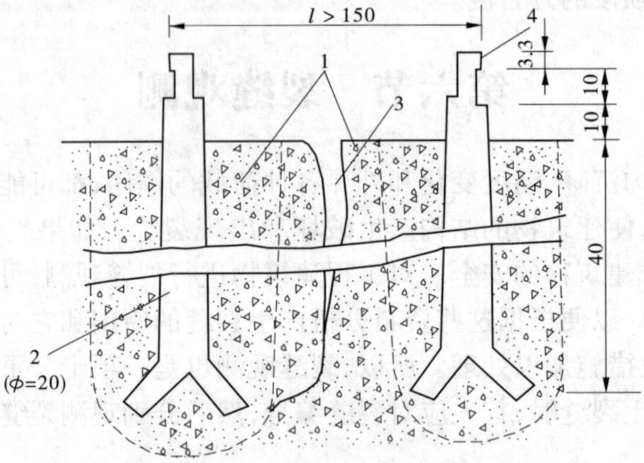

1—钻孔后回填的混凝土;2—观测标点;3—裂缝;4—游标卡尺卡着处

图 3-38 裂缝观测标志点 (单位:mm)

土坝裂缝宽度可用鉴定过的钢尺丈量标志点间距,其精度可达 0.5 mm 左右。不同时间的间距变化即为裂缝宽度的变化量。至于土坝裂缝深度的观测,当裂缝较浅时,可向裂缝中灌石灰水,然后开挖深坑,量测地面到石灰水浸润线底端的长度,即可得出缝深值。在有条件的时候,可用振动波测量仪观测其深度。

至于土坝的观测周期(次数),应视裂缝的发展情况而定,一般在发生裂缝的初期应每天观测一次。在裂缝有显著发展和库水位变动较大时应增加观测次数,暴雨过后必须加测一次,而只有当裂缝发展缓慢后才可以适当减少观测次数。对于需长期观测的裂缝,应考虑与土坝位移观测同时开展。

三、裂缝观测的自动化

重要混凝土建筑物上的裂缝观测通常要求有较高的精度。观测的内容包括缝深、缝长以及裂缝两侧混凝土块体的三维位移量。三维位移量即缝的开合度、缝的错动和缝两侧块体沿垂直于缝面方向的相对位移。

不仅如此,许多重要裂缝的观测重复量很大,单靠人力难以实现。所以,目前的重要裂缝观测大都使用各种形式的裂缝计(传感器)来完成,以实现裂缝观测的自动化。

以弦式位移计为例:所谓弦式位移计,实际上就是弦式应变仪。

测量原理是:利用一根拉紧的钢弦,当钢弦两端施加不同的拉力时,弦线的自振频率将发生变化。利用这一特性即可以制成如图 3-39 所示的变形测量仪器。

观测时,把这种仪器埋设于裂缝上并使其与裂缝方向垂直,仪器中固定弦线的两个固定端用水泥砂浆充填结实,使之与裂缝两侧的混凝土块体连成整体。当裂缝开、合活动时,原仪器中被张紧的弦线由于固定端的相对位移而发生松、紧程度的改变,使弦线的自振频率特性也随之产生变化。通过测定弦线自振频率的变化量,即可求到裂缝的位移值。

当弦线两端与锚锭牢固相连时，弦线的自振频率可由振动微分方程求得：

$$f = \frac{1}{2l}\sqrt{\frac{\sigma}{\rho}} \tag{3-22}$$

式中 σ——弦线所受到的拉应力；

ρ——弦线材料的密度；

l——弦线的长度。

由此可进一步求得位移。位移与频率之间的关系式为：

$$\delta = a\Delta f^2 + b\Delta T \tag{3-23}$$

式中 a——钢弦式测缝计的灵敏度；

Δf^2——钢弦观测频率的相对于基准量的变化量；

b——测缝计的温度补偿系数；

ΔT——仪器观测时的温度相对于基准值测定时的温度变化量。

弦式测缝计的外壳由较薄的金属筒做成，两端为锚锭垫，其作用是张紧弦线及把弦线与建筑物相连。金属筒是密闭的，可以保护钢弦和弦线振动频率元件。

由于埋入混凝土中的这类仪器是一种异物，会使周围的应力场产生变化，所以弦式测缝计的金属筒外壳应尽量做到纵向钢度不能太大，既不能阻碍混凝土的变形，又能保证使弦线维持一定的张力。

弦式测缝计的核心部件是弦振动激发器。它实质上是一种正反馈放大器。整个线路有两个特点：一是激振信号为大功率的脉冲电流，以便有足够的能量去激发弦线自振；二是可以极大减少线路上寄生电容等因素的影响。因此，目前可以做到使传输电缆的长度远大于400 m而钢弦仍可以被稳定地激发起来。

弦式测缝计通常能测量的频率变化范围大约为1 kHz。一只长1 m的弦式测缝计可测量的位移变化范围达5 mm左右，而精度能保证不大于1/1 000。虽然这种仪器测量的变化范围不大，但性能十分稳定、测值可靠。实践表明，这种仪器在使用10年后仍能正常工作，因此有着广泛的应用价值。它还可用于混凝土的特性（如徐变、应力—应变特性等）研究、建筑物各部位的应力—应变测量等许多方面，并且很容易实现遥测，给观测工作和资料分析处理带来极大方便。

另外，裂缝往往与不均匀沉降有关，因此进行裂缝观测的同时，一般要进行建筑物的沉降观测，以便进行综合分析。

在对混凝土大坝等重要建筑物进行裂缝观测时，除精度要求较高外，一般还应同时观测混凝土的温度、气温、水温、上游水位等因素。观测次数与土坝基本上一样。但在出现最高气温、最低气温和上游最高水位，或气温及上游水位变化较大，或裂缝有显著发展时，均应增加观测次数。经过长期观测判明裂缝已不再发展，方可以停止观测。

图3-39为某品牌的BGK－4420系列振弦式裂缝计。它可以安装在建筑物表面，监测结构裂缝和接缝的开合度。内置的温度传感器可同时监测安装位置的温度，两端的球形万向接头允许一定程度的剪切位移。由专用的四芯屏蔽电缆传输频率和温度电阻信号，频率信号不受电缆长度的影响，适合在恶劣的环境下长期监测建筑物的裂缝变化。如增加附件，该系列裂缝计可用于混凝土面板堆石坝的垫料层与面板间的脱空位移监测及混凝土面板堆石坝周边缝、基岩软弱夹层两侧岩体的错动等双向、三向裂缝监测。

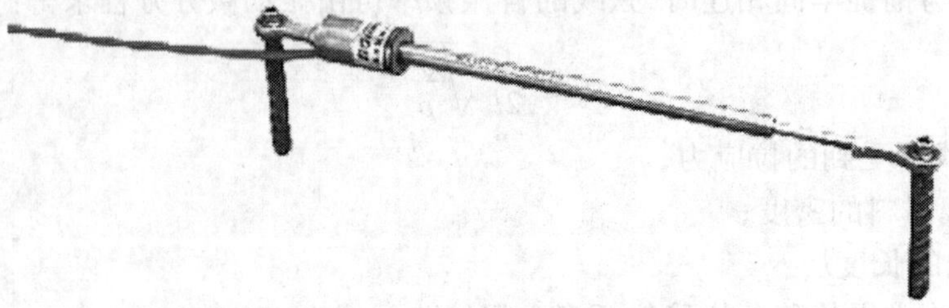

图 3-39　振弦式裂缝计

BGK－4420 系列主要技术指标：标准量程，12.5～200 mm；分辨率，0.025%；精度，±0.1%；非线性，<0.5%；温度范围，－20～＋80 ℃；直径，12 mm（柱身）/25 mm（线圈）；长度，依量程而定。

思考题

1. 变形观测点布设原则是什么？
2. 变形监测方案设计应包含哪几个方面？
3. 详细论述导线法实现水平位移观测的依据和过程。
4. 试述倾斜观测的基本原理。
5. 精密水准实现沉降观测应注意哪些问题？
6. 试述静力水准仪的基本原理与结构。

第四章　变形观测数据处理

第一节　概　述

变形观测方法的选择取决于变形体的特征、变形的大小和变形的速度等因素。变形测量的方法主要包括常规的地面测量方法、摄影测量方法、特殊的测量手段（如应变测量、准直测量等）和 GPS 测量技术等手段。对监测目标实施变形监测，一般要进行平面和高程监测网的设计。监测网一般由参考网（又称绝对网）和相对网两部分构成，要求参考网所有的点设置在变形体外，用于测量变形体上目标的“绝对”变形，参考网测量的目的是要确定参考网点本身的稳定性；相对网的所有点在变形体上，通过测量网点之间的相对移动来确定变形体的几何变形状态。变形观测即通过对控制网及监测点的重复测量，获得观测数据，经过数据处理，进而确定变形体变形的大小和规律。

工程监测网按基准划分，可简单地分为经典网和自由网两种。经典网是指平差模型中具有足够的起算数据，如测角网中具有两个或两个以上的已知点的坐标，测边网中已知一个点的坐标及一条边的方位角等；自由网指平差模型中没有起算数据。

变形网的平差方法按监测网的基准情况分类，主要有三种：经典平差法、秩亏自由网平差法和拟稳平差法。

第二节　经典平差法

变形监测控制网按经典平差，要求网中必须具备足够的起算数据。例如，在水准网中，必须至少已知某一点的高程，在测角网的平差中，必须至少已知两个点的坐标等。

当有足够的理由表明网中有固定不变的基准点可以作为监测网平差的起算数据时，就可以按经典平差法进行处理。由于变形网图形设计复杂、多余观测数据较多，且间接平差具有如下特点：①一般选择要求的最后成果为待定参数，如水准网中，选择待定点的高程作为参数；在测角网或测边网中选择待定点的坐标作为参数，则间接平差求解后的最后成果就是参数的平差值，精度评定也相对容易。②间接平差列误差方程和组法方程规律性较强，编制电算程序较为简单。综合上述两方面的原因，变形网的经典平差一般采用间接平差方法。

一、间接平差原理

设观测值向量为$\underset{n1}{\hat{L}}$，t 个独立的未知参数向量为$\underset{t1}{\hat{X}}$，改正数向量为$\underset{n1}{\hat{V}}$，则每个观测量可以表达成 t 个独立参数的函数，即

$$\underset{n1}{\hat{L}} = F(\underset{t1}{\hat{X}}) \tag{4-1}$$

当表达式是非线性形式时，可按一阶泰勒（Taylor）级数展开成线性形式，即可用如下标

准形来表达观测方程的通用形式：

$$\underset{n1}{\hat{L}} = \underset{nt}{B}\underset{t1}{\hat{X}} + \underset{n1}{d} \tag{4-2}$$

或

$$\underset{n1}{V} = \underset{nt}{B}\underset{t1}{\hat{x}} - \underset{n1}{l} \tag{4-3}$$

其中

$$\hat{L} = L + V \tag{4-4}$$

$$l = L - (BX^0 + d) = L - L^0 \tag{4-5}$$

$$L^0 = BX^0 + d$$

顾及观测误差的随机性，一般考虑间接平差的随机模型为：

$$\underset{nn}{D_{LL}} = \sigma_0^2 \underset{nn}{Q_{LL}} = \sigma_0^2 P_L^{-1} \tag{4-6}$$

式中 $\underset{nn}{D_{LL}}$——观测值的先验协因数阵。

由式(4-5)可以证明：$Q_{LL} = Q_{ll}$，故 l 有时也被称为观测值向量。

当观测量与未知量之间为非线性关系时，要进行线性化，并化成与式(4-3)相同的形式。在式(4-2)中，全部未知数向量的个数包括观测值平差值的个数 n 及未知参数的个数 t，方程的个数为观测值的总数 t，故式(4-2)为相容方程组，未知数有无穷多组解。

测量平差准则为：

$$V^{\mathrm{T}}PV = \min \tag{4-7}$$

间接平差即要求满足最小二乘准则下求解误差方程中的待定参数及其他相关数据。

由式(4-3)，改正数向量 V 是关于独立待定参数向量 $\hat{x}$ 的函数，结合式(4-7)，可按数学中求自由极值的方法求解未知参数 $\hat{x}$，即要求

$$\frac{\mathrm{d}(V^{\mathrm{T}}PV)}{\mathrm{d}\hat{x}} = 0$$

结合矩阵的微分性质有：

$$\frac{\mathrm{d}(V^{\mathrm{T}}PV)}{\mathrm{d}\hat{x}} = 2V^{\mathrm{T}}P\frac{\mathrm{d}V}{\mathrm{d}\hat{x}} = 2V^{\mathrm{T}}PB = 0$$

转置后有：

$$B^{\mathrm{T}}PV = 0 \tag{4-8}$$

由于未知参数是彼此独立的函数量，式(4-3)结合式(4-8)，方程中待求量的个数与方程的个数相等，由它们构成的方程有唯一解，上述两式被称为间接平差的基础方程。

将式(4-3)代入式(4-8)，则

$$B^{\mathrm{T}}P(B\hat{x} - l) = 0 \tag{4-9}$$

令 $N = B^{\mathrm{T}}PB, W = B^{\mathrm{T}}Pl$，则

$$N\hat{x} = W \tag{4-10}$$

式(4-10)称为间接平差的法方程，由于 $R(N) = R(B^{\mathrm{T}}PB) = R(B) = t$，则

$$\hat{x} = N^{-1}W \tag{4-11}$$

或

$$\hat{x} = (B^{\mathrm{T}}PB)^{-1}B^{\mathrm{T}}Pl \tag{4-12}$$

进一步有：

$$V = B\hat{x} - l = (BN^{-1}B^{\mathrm{T}}P - E)l \tag{4-13}$$

$$\hat{L} = L + V = B\hat{x} + L^0 = BN^{-1}B^{T}Pl + L^0 \tag{4-14}$$

$$\hat{X} = X^0 + \hat{x} = N^{-1}B^{T}Pl + X^0 \tag{4-15}$$

单位权方差的估值：

$$\hat{\sigma}_0^2 = \frac{V^{T}PV}{r} = \frac{V^{T}PV}{n-t} \tag{4-16}$$

式中 r——多余观测值个数；

n——观测值总数；

t——独立的未知参数的个数。

设观测值的权阵为 P，则协因数阵 $Q = Q_{LL} = P^{-1}$。按误差传播定律，并考虑 $Q_{LL} = Q_{ll}$，则有下列公式成立：

$$Q_{\hat{X}\hat{X}} = N^{-1} \tag{4-17}$$

$$Q_{\hat{L}\hat{L}} = BN^{-1}B^{T} \tag{4-18}$$

$$Q_{VV} = Q - BN^{-1}B^{T} \tag{4-19}$$

$$Q_{\hat{L}V} = 0 \tag{4-20}$$

$$Q_{\hat{X}V} = 0 \tag{4-21}$$

由式(4-20)、式(4-21)得平差值 $\hat{X}$、$\hat{L}$ 与改正数 V 的互协因数阵为零，说明平差后，$\hat{X}$ 与 V、$\hat{L}$ 与 V 在统计意义上是不相关的，这一性质在运用数理统计知识进行变形观测两期成果差异是属于误差干扰还是点位位移方面的变形分析中，具有重要意义。

由于 $\hat{L}$ 与改正数 V 的互协因数阵为零，$\hat{L} = L + V$，则有：

$$Q_{LL} = Q_{\hat{L}\hat{L}} + Q_{VV}$$

按协因数的性质，其主对角线上的元素不小于零，故 $Q_{\hat{L}\hat{L}}$ 主对角线上的元素较 Q_{LL} 主对角线上的元素值小，表示观测值平差值的精度较观测前要高。

二、变形网按经典网平差

由于测距仪(或全站仪)性价比的提高及其在测绘领域中的广泛运用，边角网成为平面位置变形观测的主要形式，高程变形监测仍以高精度水准测量为主要手段，故变形网经典间接平差时按上述两种形式进行讨论。

(一)变形观测网为边角网

变形网为边角网时，平差可按如下步骤进行：

(1)选择固定的起算基准。与传统工程网选择高一级控制网点作为起算基准不同，经典变形网要求选择点位稳定的点作为计算的基准。稳定点的选择原则是，该基准点在变形体变形影响范围之外，传统的做法主要有远设和深埋两种，以保证基准点位置的稳定、可靠。

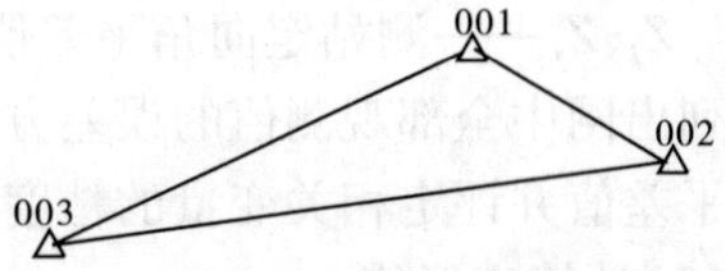

图 4-1 某核电站变形监测基准网示意图

如国内某核电站，为了监测其施工控制网在施工过程中的变化情况，在核电站主要厂房施工影响区域之外，设置了如图 4-1 所示的三个控制基准点，它们由埋设在基岩上的强制控制桩构成，其中 001 和 003 作为计算基准，002 作为检核稳定性的条件。

(2)建立误差方程式。

①边长观测误差方程式。

如图 4-2 所示,则边长误差方程式形式如下:

$$v_i = -\frac{\Delta X_{jk}^0}{S_{jk}^0}\hat{x}_j - \frac{\Delta Y_{jk}^0}{S_{jk}^0}\hat{y}_j + \frac{\Delta X_{jk}^0}{S_{jk}^0}\hat{x}_k + \frac{\Delta Y_{jk}^0}{S_{jk}^0}\hat{y}_k - l_i$$

其中

$$\Delta X_{jk}^0 = X_k^0 - X_j^0, \quad \Delta Y_{jk}^0 = Y_k^0 - Y_j^0$$

$$S_{jk}^0 = \sqrt{(X_k^0 - X_j^0)^2 + (Y_k^0 - Y_j^0)^2}, \quad l_i = L_i - S_{jk}^0$$

且

$$\hat{X}_j = X_j^0 + \hat{x}_j, \quad \hat{Y}_j = Y_j^0 + \hat{y}_j$$

$$\hat{X}_k = X_k^0 + \hat{x}_k, \quad \hat{Y}_k = Y_k^0 + \hat{y}_k$$

②方向观测误差方程式。

如图 4-3 所示,方向观测误差方程为:

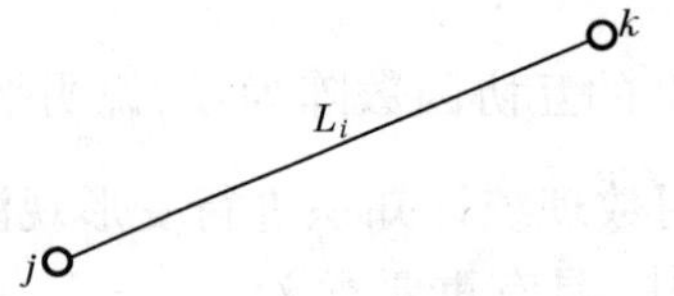

图 4-2　边长误差情况示意图

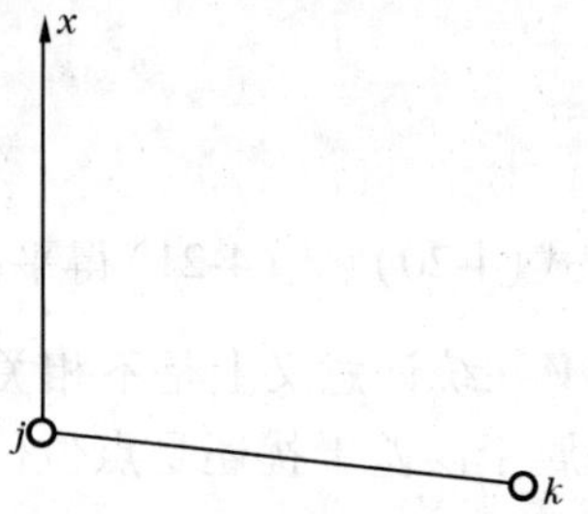

图 4-3　方向观测示意图

$$v_{ik} = -\hat{z}_j + a_{jk}\hat{x}_j - b_{jk}\hat{y}_j - a_{jk}\hat{x}_k + b_{jk}\hat{y}_k - l_{ik}$$

其中

$$a_{jk} = \frac{\rho''\Delta Y_{jk}^0}{(S_{jk}^0)^2} = \frac{\rho''\sin\alpha_{jk}^0}{S_{jk}^0}$$

$$b_{jk} = \frac{\rho''\Delta X_{jk}^0}{(S_{jk}^0)^2} = \frac{\rho''\cos\alpha_{jk}^0}{S_{jk}^0}$$

且

$$\hat{X}_j = X_j^0 + \hat{x}_j, \quad \hat{Y}_j = Y_j^0 + \hat{y}_j$$

$$\hat{X}_k = X_k^0 + \hat{x}_k, \quad \hat{Y}_k = Y_k^0 + \hat{y}_k$$

$$\hat{Z}_j = Z_j^0 + \hat{z}_j$$

式中　$\hat{X}_j$、$\hat{Y}_j$、$\hat{X}_k$、$\hat{Y}_k$——点 j、k 的坐标平差值;

X_j^0、Y_j^0、X_k^0、Y_k^0——点 j、k 的坐标近似值;

$\hat{Z}_j$、Z_j^0——测站定向角平差值、近似值。

列出网中全部观测值的误差方程后,按间接平差原理中介绍的方法组法方程,求出未知参数平差值并评定相关变量的精度。

(3)计算变形值。

根据不同时期的观测结果,可以分别得到同一监测点 k 相应的位置 X_{kI}、X_{kII},则两期间网点的变形值为：

$$d_k = X_{kII} - X_{kI}$$

（二）变形监测网为水准高程网

高程网的变形处理过程与平面网相似，同样包括起算基准的选择、误差方程式的列立与参数的求解及精度评定，并计算监测点高程的变形值。

水准网在选择基准点时，一般只选择参考系中最稳定的一个点作为起算基准，并以此为基准，做出各期变形监测的统一计算基准。

水准网观测误差方程形式为：

$$v_i = -\hat{x}_i + \hat{x}_j - l_i$$

其中

$$\hat{H}_i = H_i^0 + \hat{x}_i$$

$$\hat{H}_j = H_j^0 + \hat{x}_j$$

$$l_i = h_{ij} - (H_j^0 - H_i^0)$$

式中 H_i^0、H_j^0——观测线路两端点的高程近似值；

h_{ij}——观测高差。

【例 4-1】 如图 4-4 所示为一水准变形网，两期观测值分别如表 4-1 所示。

表 4-1

第Ⅰ期		第Ⅱ期	
$h_1 = 12.345$ m	$s_1 = 1$ km	$h_1 = 12.311$ m	$s_1 = 1$ km
$h_2 = 3.478$ m	$s_2 = 2$ km	$h_2 = 3.462$ m	$s_2 = 2$ km
$h_3 = -15.817$ m	$s_3 = 1$ km	$h_3 = -15.780$ m	$s_3 = 1$ km

其中，A 为稳定的基准点，其高程 $H_A = 10.000$ m，试求两期观测之间 B 点和 C 点的变形值。

计算过程如下：

第一步：选择未知参数，计算近似值。

如图 4-4 所示，选择 B、C 两点的高程值为未知参数 $\hat{X}_1$、$\hat{X}_2$，其近似值取：

$$X_1^0 = H_A + h_1 = 22.345 \text{ m}$$

$$X_2^0 = H_B + h_2 = 25.823 \text{ m}$$

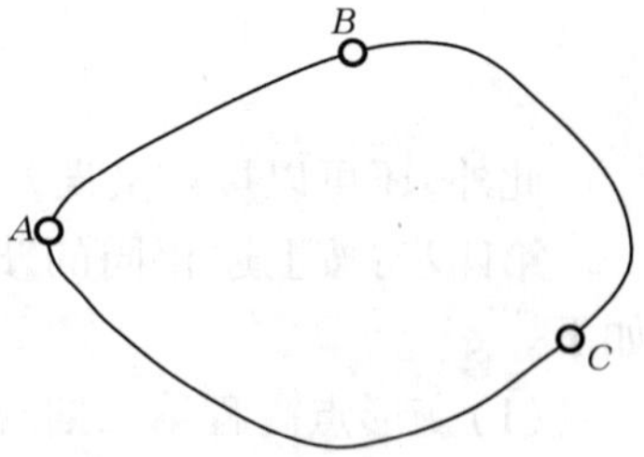

图 4-4 水准网示意图

第二步：由观测值组误差方程及确定先验权阵。

（1）误差方程形式为：

$$\begin{cases} v_1 = \hat{x}_1 + 0 \\ v_2 = -\hat{x}_1 + \hat{x}_2 + 0 \\ v_3 = -\hat{x}_2 - 6 \end{cases}$$

（2）先验权阵为：

$$P=\begin{bmatrix}1&0&0\\0&2&0\\0&0&1\end{bmatrix}$$

第三步:组法方程,求解未知数,并评定参数精度。

(1)法方程形式为:

$$\begin{bmatrix}3&-2\\-2&3\end{bmatrix}\begin{bmatrix}x_1\\x_2\end{bmatrix}=\begin{bmatrix}0\\-6\end{bmatrix}$$

(2)求解未知数并求定待定点高程,即

$$\begin{bmatrix}\hat{x}_1\\\hat{x}_2\end{bmatrix}=\begin{bmatrix}3&-2\\-2&3\end{bmatrix}^{-1}\begin{bmatrix}0\\-6\end{bmatrix}=\begin{bmatrix}-2.4\\-3.6\end{bmatrix}\text{mm}$$

即

$$\hat{H}_{B_1}=22.342\ 6\ \text{mm}$$
$$\hat{H}_{C_1}=25.819\ 4\ \text{mm}$$

(3)评定参数精度。

按误差方程计算观测值改正数为:

$$\begin{bmatrix}v_1\\v_2\\v_3\end{bmatrix}=\begin{bmatrix}-2.4\\-1.2\\-2.4\end{bmatrix}\text{mm}$$

计算验后单位权方差估值为:

$$\hat{\sigma}_0^2=\frac{[pvv]}{r}=\frac{14.4}{1}\text{mm}^2$$

计算监测点高程中误差为:

$$\begin{bmatrix}\hat{\sigma}_{\hat{x}_1}\\\hat{\sigma}_{\hat{x}_2}\end{bmatrix}=\hat{\sigma}_0\begin{bmatrix}\sqrt{\frac{3}{5}}\\\sqrt{\frac{3}{5}}\end{bmatrix}=\begin{bmatrix}2.9\\2.9\end{bmatrix}\text{mm}$$

此外,还可以按广义误差传播定律计算诸如观测高差等未知参数函数的方差估值等。

第四步:按上述相同的步骤,可计算未知参数的平差值及精度情况,过程从略,结果如下。

(1)变形点高程第二期观测值平差结果。

$$\begin{bmatrix}\hat{x}_1\\\hat{x}_2\end{bmatrix}=\begin{bmatrix}3&-2\\-2&3\end{bmatrix}^{-1}\begin{bmatrix}0\\7\end{bmatrix}=\begin{bmatrix}2.8\\4.2\end{bmatrix}\text{mm}$$

即

$$\hat{H}_{B_2}=22.313\ 8\ \text{mm}$$
$$\hat{H}_{C_2}=25.777\ 2\ \text{mm}$$

(2)变形点高程平差值的精度情况。

$$\begin{bmatrix} \hat{\sigma}_{\hat{x}_1} \\ \hat{\sigma}_{\hat{x}_2} \end{bmatrix} = \begin{bmatrix} 3.4 \\ 3.4 \end{bmatrix} \text{mm}$$

第五步：计算两期间高程变形情况。

（1）B 点变形情况：

$$d_B = H_{B_2} - H_{B_1} = -28.8 \text{ mm}$$

（2）C 点变形情况：

$$d_C = H_{C_2} - H_{C_1} = -42.2 \text{ mm}$$

可以证明：变形网按经典网平差时，起算点坐标的误差会对变形监测点的坐标值带来影响，但由于变形观测是在相同的条件下进行的一组观测，再加上变形网一般是采用最小约束的经典网，故起算点的误差相当于观测过程中的系统误差，变形点的变化量则不受起算数据误差的影响。但如果作为起算数据的点，在两期观测的过程中，位置发生了变化，则相当于将已经变化了的基准强制附合到一个不变的基准上去，点的位置及精度则会发生改变。有关这方面的内容，会在点位稳定性分析中进一步说明。

第三节　秩亏自由网平差法

一、问题的提出

工程控制网布网时，一般是从已知的起算点出发，根据已知点的位置、具体工程实际对控制点密度和精度方面的要求，结合控制网形对点位精度的影响，布设工程控制网。

变形网如果按经典网平差，如前所述，要求起算点稳定、可靠。但在很多情况下，要选择稳定的可靠基准并不容易。

以国内某核电站反应堆一号厂房变形监测为例。随着反应堆安全壳的施工，埋设在反应堆内部的变形监测网不再与外部的控制基准点通视，与变形监测基准的联系不再可能；另外，由于反应堆内部结构相似、周围施工环境情况相近，网点本身受施工影响基本相同，选择稳定的内部基准也不太可能。此时，完全秩亏自由网平差是一种最好的选择。

完全秩亏自由网平差，即在平差模型中，不预先假设起算基准，所有网点均等同看待。由于缺少必要的起算数据，按间接平差求解未知参数时，由于误差方程的系数矩阵列秩亏。举例如下。

【例 4-2】　如图 4-4 所示，设 A、B、C 均为待定点，设其高程为未知参数 $\hat{X}_1$、$\hat{X}_2$ 和 $\hat{X}_3$，试列出误差方程的系数阵 B 和法方程的系数阵 N，并分别计算它们的秩。

解：设 $\hat{X}_i = X_i^0 + \hat{x}_i \quad (i=1,2,3)$，列误差方程形式如下：

$$\underset{31}{V} = \underset{33}{B}\,\underset{31}{x} - \underset{31}{l}$$

即

$$V = \begin{bmatrix} v_1 \\ v_2 \\ v_3 \end{bmatrix} = \begin{bmatrix} -1 & 1 & 0 \\ 0 & -1 & 1 \\ 1 & 0 & -1 \end{bmatrix} \begin{bmatrix} \hat{x}_1 \\ \hat{x}_2 \\ \hat{x}_3 \end{bmatrix} - \begin{bmatrix} 0 \\ 0 \\ 6 \end{bmatrix}$$

这里

$$B = \begin{bmatrix} -1 & 1 & 0 \\ 0 & -1 & 1 \\ 1 & 0 & -1 \end{bmatrix}$$

考虑观测高差的先验权阵为：

$$P = \begin{bmatrix} 1 & 0 & 0 \\ 0 & 2 & 0 \\ 0 & 0 & 1 \end{bmatrix}$$

按间接平差原理，则法方程的系统阵为：

$$N = B^{\mathrm{T}}PB = \begin{bmatrix} 2 & -1 & -1 \\ -1 & 3 & -2 \\ -1 & -2 & 3 \end{bmatrix}$$

显然，$R(N) = R(B^{\mathrm{T}}PB) = R(B) = 2 < t = 3$。

显然，在水准网自由网平差模型中，由于没有必要的起算数据，误差方程的系数阵为列不满秩阵，法方程的系数阵为奇异方阵，它的秩亏数为 $d = u - t$，即等于必要观测起算数据的个数。在这种情况下，虽然法方程有解，但它有无穷多组解，其解不唯一。故根据最小二乘原理，仍然无法求得未知参数的唯一确定解。

同理，对于其他常见类型的平差网，其秩亏数就为经典平差时必要起算数据的个数，即有：

水准网，$d = 1$；
平面测边网、边角网，$d = 3$；
平面测量角网，$d = 4$；
三维测边网，$d = 6$；
三维测角网，$d = 7$。

二、秩亏自由网平差的算法

为了求得未知参数的唯一确定解，除遵循最小二乘准则外，还必须增加新的约束条件，从而达到求得唯一解的目的。全自由秩亏网平差，其增加的约束条件要求未知参数满足最小范数 $\hat{X}^{\mathrm{T}}\hat{X} = \min$，来求定参数的最佳估值。

秩亏自由网平差的解法很多，这里介绍三种常见的解法：广义逆法、伪观测法及附加条件法。

（一）广义逆法

对任一矩阵 A，其广义逆存在，其中有一种逆 A_m^-，称为最小范数逆，它满足下列两个条件：

$$\begin{cases} AA_m^-A = A \\ (A_m^-)^{\mathrm{T}} = A_m^-A \end{cases} \tag{4-22}$$

对于法方程式

$$N\hat{x} = W = B^{\mathrm{T}}Pl \tag{4-23}$$

因为 N 阵奇异,解向量不唯一,在 $\hat{X}$ 的无穷多解中,有一个解能满足 $\hat{X}^{\mathrm{T}}\hat{X}=\min$,且这个解向量是唯一的。为求解这个解,可按求条件极值的方法,即作新函数:

$$\Phi = x^{\mathrm{T}}x - 2K^{\mathrm{T}}(Nx - W)$$

式中 K——联系数列向量。

按求条件极值原理,则

$$\frac{\mathrm{d}\Phi}{\mathrm{d}\hat{x}} = 2\hat{x}^{\mathrm{T}} - 2K^{\mathrm{T}}N = 0$$

$$\hat{x}^{\mathrm{T}} = K^{\mathrm{T}}N$$

即

$$\hat{x} = NK \tag{4-24}$$

代入式(4-23)有:

$$NNK = W$$

$$K = (NN)^{-}W$$

代入式(4-24),则解向量为

$$\hat{x} = N(NN)^{-}W = N(NN)^{-}B^{\mathrm{T}}PL$$

可以证明,$N(NN)^{-}$满足式(4-22),即 $N(NN)^{-}$是最小范数逆,记

$$N_m^{-} = N(NN)^{-}$$

则

$$\hat{x} = N_m^{-}W = N_m^{-}B^{\mathrm{T}}Pl$$

按协因素传播定律得解向量的协因数阵为:

$$Q_{\hat{x}\hat{x}} = N(NN)^{-}N(NN)^{-}N$$

可以证明,$Q_{\hat{x}\hat{x}}$满足伪逆的四个条件,即

$$Q_{\hat{x}\hat{x}} = N^{+} = N(NN)^{-}N(NN)^{-}N$$

故解向量的表达式又可以写成:

$$\hat{x} = N^{+}W = Q_{\hat{x}\hat{x}}W = Q_{\hat{x}\hat{x}}B^{\mathrm{T}}Pl$$

单位权中误差估值为:

$$\hat{\sigma}_0^2 = \frac{V^{\mathrm{T}}PV}{r} = \frac{V^{\mathrm{T}}PV}{n-u+d}$$

实际计算过程中,计算$(NN)^{-}$可按下式计算:

$$(NN)^{-} = \begin{bmatrix} \underset{rr}{(NN)_{11}^{-1}} & \underset{rd}{0} \\ \underset{dr}{0} & \underset{dd}{0} \end{bmatrix}$$

其中,$(NN)_{11}$是矩阵(NN)中的 $r \times r$ 阶主子阵,即 $R(NN)^{-1}=r$ 满秩。

待定点坐标的精度为:

$$\hat{\sigma}_{\hat{x}} = \pm \hat{\sigma}_0\sqrt{Q_{\hat{x}_i\hat{x}_i}}$$

【例 4-3】 按例 4-1,按自由网平差计算各点的高程及评定精度。

计算步骤如下:

(1)选择高程近似值,如表 4-2 所示。

表 4-2

点号	A	B	C
高程近似值(m)	10.000	22.345	25.823

(2)列误差方程式:

$$\begin{cases} v_1 = \hat{x}_1 + 0 \\ v_2 = -\hat{x}_1 + \hat{x}_2 + 0 \\ v_3 = -\hat{x}_2 - 6 \end{cases}$$

(3)组成法方程式:

$$\begin{bmatrix} 2 & -1 & -1 \\ -1 & 3 & -2 \\ -1 & -2 & 3 \end{bmatrix} \begin{bmatrix} \hat{x}_1 \\ \hat{x}_2 \\ \hat{x}_3 \end{bmatrix} = \begin{bmatrix} 6 \\ 0 \\ -6 \end{bmatrix}$$

(4)计算矩阵(NN),则

$$(NN) = \begin{bmatrix} 2 & -1 & -1 \\ -1 & 3 & -2 \\ -1 & -2 & 3 \end{bmatrix} \begin{bmatrix} 2 & -1 & -1 \\ -1 & 3 & -2 \\ -1 & -2 & 3 \end{bmatrix} = \begin{bmatrix} 6 & -3 & -3 \\ -3 & 14 & -11 \\ -3 & -11 & 14 \end{bmatrix}$$

(5)求(NN)的广义逆。

先计算$(NN)_{11}^{-1}$,可取:

$$(NN)_{11}^{-1} = \begin{bmatrix} 6 & -3 \\ -3 & 14 \end{bmatrix}^{-1} = \frac{1}{75}\begin{bmatrix} 14 & 3 \\ 3 & 6 \end{bmatrix}$$

计算 $(NN)^-$:

$$(NN)^- = \frac{1}{75}\begin{bmatrix} 14 & 3 & 0 \\ 3 & 6 & 0 \\ 0 & 0 & 0 \end{bmatrix}$$

计算(NN)的广义逆 N_m^-。

$$\begin{aligned} N_m^- &= N(NN)^- \\ &= \frac{1}{75}\begin{bmatrix} 2 & -1 & -1 \\ -1 & 3 & -2 \\ -1 & -2 & 3 \end{bmatrix} \begin{bmatrix} 14 & 3 & 0 \\ 3 & 6 & 0 \\ 0 & 0 & 0 \end{bmatrix} \\ &= \frac{1}{75}\begin{bmatrix} 25 & 0 & 0 \\ -5 & 15 & 0 \\ -20 & -15 & 0 \end{bmatrix} \end{aligned}$$

(6)计算未知数的平差值。

$$\hat{x} = N_m^- B^{\mathrm{T}} Pl$$

$$=\frac{1}{75}\begin{bmatrix}25 & 0 & 0\\-5 & 15 & 0\\-20 & -15 & 0\end{bmatrix}\begin{bmatrix}6\\0\\-6\end{bmatrix}$$

$$=\begin{bmatrix}2\\-0.4\\-1.6\end{bmatrix}\text{mm}$$

(7)待定高程点最或然值：

$$\hat{X}=\begin{bmatrix}\hat{X}_1\\\hat{X}_2\\\hat{X}_3\end{bmatrix}=\begin{bmatrix}X_1^0+\hat{x}_1\\X_2^0+\hat{x}_2\\X_3^0+\hat{x}_3\end{bmatrix}=\begin{bmatrix}10.002\\22.3446\\25.8214\end{bmatrix}\text{m}$$

评定待定点高程或然值精度。

计算单位权中误差估值：将坐标计算结果代入误差方程式，计算各改正数如下：

$$V=\begin{bmatrix}v_1\\v_2\\v_3\end{bmatrix}=\begin{bmatrix}-2.4\\-1.2\\-2.4\end{bmatrix}\text{mm}$$

于是单位权中误差估值为：

$$\hat{\sigma}_0^2=\frac{V^{\mathrm{T}}PV}{r}=\frac{14.4}{1}=14.4(\text{mm}^2)$$

计算未知参数协因素阵 $Q_{\hat{x}\hat{x}}$。

由 $Q_{\hat{x}\hat{x}}=N(NN)^-N(NN)^-N=N_m^-N_m^-N$，而

$$N_m^-N_m^-=\frac{1}{75^2}\begin{bmatrix}25 & 0 & 0\\-5 & 15 & 0\\-20 & -15 & 0\end{bmatrix}\begin{bmatrix}25 & 0 & 0\\-5 & 15 & 0\\-20 & -15 & 0\end{bmatrix}$$

$$=\frac{1}{225}\begin{bmatrix}25 & 0 & 0\\-8 & 9 & 0\\-17 & -9 & 0\end{bmatrix}$$

则

$$Q_{\hat{x}\hat{x}}=N_m^-N_m^-N$$

$$=\frac{1}{225}\begin{bmatrix}25 & 0 & 0\\-8 & 9 & 0\\-17 & -9 & 0\end{bmatrix}\begin{bmatrix}2 & -1 & -1\\-1 & 3 & -2\\-1 & -2 & 3\end{bmatrix}$$

$$=\begin{bmatrix}\frac{2}{9} & -\frac{1}{9} & -\frac{1}{9}\\-\frac{1}{9} & \frac{7}{45} & -\frac{2}{45}\\-\frac{1}{9} & -\frac{2}{45} & \frac{7}{45}\end{bmatrix}$$

于是，待定高程点高程中误差分别为：

$$\hat{\sigma}_{\hat{H}_A} = \hat{\sigma}_0 \times \sqrt{Q_{11}} = 1.8 \text{ mm}$$

$$\hat{\sigma}_{\hat{H}_B} = \hat{\sigma}_0 \times \sqrt{Q_{22}} = 1.5 \text{ mm}$$

$$\hat{\sigma}_{\hat{H}_C} = \hat{\sigma}_0 \times \sqrt{Q_{33}} = 1.5 \text{ mm}$$

（二）伪观测法

秩亏网的法方程式为

$$N\hat{x} = W$$

由于 N 阵奇异，秩亏数为 d，其解不唯一。可在 $\hat{X}^{\mathrm{T}}\hat{X}=\min$ 条件下，配置一组伪观测方程（又称虚拟观测方程）：

$$\underset{du}{G^{\mathrm{T}}}\ \underset{u1}{\hat{x}} = \underset{d1}{0}，\text{虚拟权为 } E$$

上式又被称为网外配置，方程的个数等于 N 的秩亏数 d。其中矩阵 G 列满秩，即 $r(G)=d$，G 须满足条件 $BG=0$。

对于自由网平差，G^{T} 的具体形式可取：

水准网 $$G^{\mathrm{T}}=(1\ \ 1\ \ 1\ \ 1\ \ \cdots\ \ 1\ \ 1)$$

三角网 $$G^{\mathrm{T}}=\begin{bmatrix} 1 & 0 & 1 & 0 & \cdots & 1 & 0 \\ 0 & 1 & 0 & 1 & \cdots & 0 & 1 \\ -Y_1^0 & X_1^0 & -Y_2^0 & X_2^0 & \cdots & -Y_P^0 & X_P^0 \\ X_1^0 & Y_1^0 & X_2^0 & Y_2^0 & \cdots & X_P^0 & Y_P^0 \end{bmatrix}$$

边角网，测边网 $$G^{\mathrm{T}}=\begin{bmatrix} 1 & 0 & 1 & 0 & \cdots & 1 & 0 \\ 0 & 1 & 0 & 1 & \cdots & 0 & 1 \\ -Y_1^0 & X_1^0 & -Y_2^0 & X_2^0 & \cdots & -Y_P^0 & X_P^0 \end{bmatrix}$$

式中　P——控制点个数。

联立误差方程式与伪观测方程式，有：

$$\begin{pmatrix} V \\ 0 \end{pmatrix} = \begin{pmatrix} B \\ G^{\mathrm{T}} \end{pmatrix}\hat{X} - \begin{pmatrix} l \\ 0 \end{pmatrix}，\quad \text{权阵}\begin{pmatrix} P & 0 \\ 0 & E \end{pmatrix}$$

则此时系数矩阵 $\begin{pmatrix} B \\ G^{\mathrm{T}} \end{pmatrix}$ 满秩，其秩 $R\begin{pmatrix} B \\ G^{\mathrm{T}} \end{pmatrix}=r+d=u$，在 $V^{\mathrm{T}}PV=\min$ 条件下导出法方程式：

$$(B^{\mathrm{T}}PB + GG^{\mathrm{T}})\hat{X} = (N + GG^{\mathrm{T}})X = W = B^{\mathrm{T}}Pl$$

由于系数阵 $(N+GG^{\mathrm{T}})$ 满秩，其凯利逆存在，令

$$Q = (N + GG^{\mathrm{T}})^{-1}$$

则

$$\hat{X} = QB^{\mathrm{T}}Pl$$

按协因数传播定律，可导出

$$Q_{\hat{X}} = Q - QGG^{\mathrm{T}}Q$$

单位权中误差的估值公式同前。

【例 4-4】 同例 4-2，试按伪观测法进行自由网平差。

解:计算步骤如下:

(1)取初值,列误差方程式同例 4-2。

(2)进行网外配置,对本例:

$$G^{\mathrm{T}} = (1 \quad 1 \quad 1)$$

(3)组成法方程式:

$$N = B^{\mathrm{T}}PB = \begin{pmatrix} 2 & -1 & -1 \\ -1 & 3 & -2 \\ -1 & -2 & 3 \end{pmatrix}, \quad GG^{\mathrm{T}} = \begin{pmatrix} 1 \\ 1 \\ 1 \end{pmatrix}(1 \quad 1 \quad 1) = \begin{pmatrix} 1 & 1 & 1 \\ 1 & 1 & 1 \\ 1 & 1 & 1 \end{pmatrix}$$

于是

$$(B^{\mathrm{T}}PB + GG^{\mathrm{T}})\hat{X} = \begin{pmatrix} 3 & 0 & 0 \\ 0 & 4 & -1 \\ 0 & -1 & 4 \end{pmatrix}\hat{X} = B^{\mathrm{T}}Pl = \begin{pmatrix} 6 \\ 0 \\ -6 \end{pmatrix}$$

则

$$Q = (N + GG^{\mathrm{T}})^{-} = \begin{pmatrix} \frac{1}{3} & 0 & 0 \\ 0 & \frac{4}{15} & \frac{1}{15} \\ 0 & \frac{1}{15} & \frac{4}{15} \end{pmatrix}$$

(4)求解待定点高程最或然值:

$$\hat{x} = Q^{-} B^{\mathrm{T}}Pl = \begin{pmatrix} 2 \\ -0.4 \\ -1.6 \end{pmatrix}$$

(5)计算参数的协因数阵:

$$Q_{\hat{x}} = Q - QGG^{\mathrm{T}}Q = \begin{pmatrix} \frac{2}{9} & -\frac{1}{9} & -\frac{1}{9} \\ -\frac{1}{9} & \frac{7}{45} & -\frac{2}{45} \\ -\frac{1}{9} & -\frac{2}{45} & \frac{7}{45} \end{pmatrix}$$

与例 4-3 结果对照,待定点高程平差值及其精度解算结果相同。

(三)附加条件法

已知秩亏网的法方程形式为:

$$N\hat{x} = W$$

N 奇异,但在 $\hat{x}^{\mathrm{T}}\hat{x} = \min$ 条件下,有网外配置方程:

$$\underset{du}{G^{\mathrm{T}}} \ \underset{u1}{\hat{x}} = \underset{d1}{0}$$

其中 G^{T} 的具体形式同伪观测法中介绍。

如果将网外配置看做是一组强制约束条件,则依附有强制约束条件的间接平差原理有:

$$\begin{pmatrix} N & G \\ G^{\mathrm{T}} & 0 \end{pmatrix}\begin{pmatrix} \hat{x} \\ K \end{pmatrix} = \begin{pmatrix} W \\ 0 \end{pmatrix}$$

此时系数阵 $N'=\begin{pmatrix} N & G \\ G^{\mathrm{T}} & 0 \end{pmatrix}$满秩，其凯利逆存在，令

$$\begin{pmatrix} N & G \\ G^{\mathrm{T}} & 0 \end{pmatrix}^{-1}=\begin{pmatrix} \underset{uu}{A} & \underset{ud}{U} \\ \underset{du}{U^{\mathrm{T}}} & \underset{dd}{0} \end{pmatrix}$$

于是未知参数的解为：

$$\hat{x}=AW=AB^{\mathrm{T}}Pl$$

按协因数传播定律，可以导出参数的协因数阵：

$$Q_{\hat{x}\hat{x}}=A$$

单位权方差估值的求法同前。

【例 4-5】 试按附加条件法求等定参数的平差值。

计算步骤如下：

(1)取高程初值，列误差方程式及网外配置，同例 4-4。

(2)按式(4-24)组系数阵：

$$N'=\begin{pmatrix} 2 & -1 & -1 & 1 \\ -1 & 3 & -2 & 1 \\ -1 & -2 & 3 & 1 \\ 1 & 1 & 1 & 0 \end{pmatrix}$$

(3)由于 N'满秩，求 N'的逆阵，其形式如下：

$$(N')^{-1}=\begin{pmatrix} 2 & -1 & -1 & 1 \\ -1 & 3 & -2 & 1 \\ -1 & -2 & 3 & 1 \\ 1 & 1 & 1 & 0 \end{pmatrix}^{-1}=\begin{pmatrix} \frac{2}{9} & -\frac{1}{9} & -\frac{1}{9} & \frac{1}{3} \\ -\frac{1}{9} & \frac{7}{45} & -\frac{2}{45} & \frac{1}{3} \\ -\frac{1}{9} & -\frac{2}{45} & \frac{7}{45} & \frac{1}{3} \\ \frac{1}{3} & \frac{1}{3} & \frac{1}{3} & 0 \end{pmatrix}$$

这里

$$A=\begin{pmatrix} \frac{2}{9} & -\frac{1}{9} & -\frac{1}{9} \\ -\frac{1}{9} & \frac{7}{45} & -\frac{2}{45} \\ -\frac{1}{9} & -\frac{2}{45} & \frac{7}{45} \end{pmatrix}=N_m^-$$

且

$$\hat{x}=AW=AB^{\mathrm{T}}Pl=\begin{pmatrix} \frac{2}{9} & -\frac{1}{9} & -\frac{1}{9} \\ -\frac{1}{9} & \frac{7}{45} & -\frac{2}{45} \\ -\frac{1}{9} & -\frac{2}{45} & \frac{7}{45} \end{pmatrix}\begin{pmatrix} 6 \\ 0 \\ -6 \end{pmatrix}=\begin{pmatrix} 2 \\ -0.4 \\ -1.6 \end{pmatrix}$$

与伪观测法中的最小范数逆相同,余略。

第四节 拟稳平差法

变形网按经典平差时,网中必须具备固定的起算基准;全自由网平差,不设固定的起算基准,把网中所有的点均等同对待,按自由网平差的方法确定变形监测点的变形值。在实际工作中,也有这样一些情况存在,完全稳定的基准点并不存在,它们或多或少地受变形体的影响,但这些点的变化大小是有差异的,即有些点可能变化较大,而有些点变化相对较小。

以水准变形监测为例,如果是采用两级控制基准来监测如大坝、水库的变形,一般是分工作基准和观测基点来进行的。从辩证的角度看,完全固定不变的基准理论是不存在的,但实践经验表明,相对于工作基点,观测基点由于离变形体较近,受变形体本身的影响较大,变形值也会相对较大。在这种情况下,将工作基点看做是完全不动的点或将工作基点等同观测基点与变形监测点,一同按完全自由网平差,都是不可取的。

拟稳平差的出发点是:在整个变形监测网中,依然不设已知数据,即网内所有的点都是待定点。但假定网中一部分点相对另一部分点来说是相对稳定的,则可将控制点分成相对稳定点(简称拟稳点)和变动点两部分。秩亏完全自由网平差是对网中所有点施以最小范数条件 $\hat{x}^{\mathrm{T}}\hat{x}=\min$,拟稳平差只对其中相对稳定的拟稳点施以最小范数条件,从而可以实现消除秩亏、求解未知参数的目的。

一、拟稳平差的原理

分别设 $\hat{X}_q$、X_q^0、$\hat{x}_q$ 为稳定点的坐标平差值、坐标初值、坐标改正数,$\hat{X}_s$、X_s^0、$\hat{x}_s$ 为变动点的坐标平差值、坐标初值、坐标改正数,即

$$\hat{X}=X_0+\hat{x}=\begin{pmatrix}X_q^0\\X_s^0\end{pmatrix}+\begin{pmatrix}\hat{x}_q^0\\\hat{x}_s^0\end{pmatrix}\tag{4-25}$$

拟稳平差即要求:

$$\begin{cases}V^{\mathrm{T}}PV=\min\\x_s^{\mathrm{T}}x_x=\min\end{cases}\tag{4-26}$$

即拟稳平差要进行两次最小二乘拟合。第一次拟合于观测值,使 $V^{\mathrm{T}}PV=\min$,从而可以确定网的形状;第二次拟合于拟稳点的坐标初值,使 $\hat{x}_q^{\mathrm{T}}\hat{x}_{\mathrm{q}}=\min$,于是可以确定网的位置。

二、拟稳平差的解法

拟稳平差的解法与自由网平差相似,也可以用广义逆法、伪观测法和附加条件法三种解法。

由于间接平差的优越性,这里仅以与间接平差有密切联系的伪观测法为例,予以详细介绍,其余两种方法可参阅完全自由网平差介绍得到相应的解法。

同自由网平差,观测向量的误差方程式为:

$$V=B\hat{x}-l\tag{4-27}$$

考虑点的拟稳情况,将式(4-27)写成:

$$V = (B_q \quad B_s)\begin{pmatrix}\hat{x}_q \\ \hat{x}_s\end{pmatrix} - l \tag{4-28}$$

且观测值的先验权阵为 P。

在 $\hat{x}_q^{\mathrm{T}}\hat{x}_q = \min$ 的条件下，配置伪观测方程：

$$G^{\mathrm{T}}\hat{x} = (G_q^{\mathrm{T}} \quad G_s^{\mathrm{T}})\begin{pmatrix}\hat{x}_q \\ \hat{x}_s\end{pmatrix} = (G_q^{\mathrm{T}} \quad 0)\begin{pmatrix}\hat{x}_q \\ \hat{x}_s\end{pmatrix} = 0 \tag{4-29}$$

即

$$G_q^{\mathrm{T}}x_q = 0 \tag{4-30}$$

根据网形的不同，G^{T} 的具体形式如下：

水准网

$$(G_q^{\mathrm{T}} \quad 0) = (1 \quad 1 \quad \cdots \quad 1 \quad \cdots \quad 0 \quad 0 \quad \cdots \quad 0)$$

三角网

$$(G_q^{\mathrm{T}} \quad 0) = \begin{bmatrix} 1 & 0 & \cdots & 1 & 0 & \cdots & 0 & 0 & \cdots & 0 & 0 \\ 0 & 1 & \cdots & 0 & 1 & \cdots & 0 & 0 & \cdots & 0 & 0 \\ -Y_1^0 & X_1^0 & \cdots & -Y_q^0 & X_q^0 & \cdots & 0 & 0 & \cdots & 0 & 0 \\ X_1^0 & Y_1^0 & \cdots & X_q^0 & Y_q^0 & \cdots & 0 & 0 & \cdots & 0 & 0 \end{bmatrix}$$

测边网、边角网

$$(G_q^{\mathrm{T}} \quad 0) = \begin{bmatrix} 1 & 0 & \cdots & 1 & 0 & \cdots & 0 & 0 & \cdots & 0 & 0 \\ 0 & 1 & \cdots & 0 & 1 & \cdots & 0 & 0 & \cdots & 0 & 0 \\ -Y_1^0 & X_1^0 & \cdots & -Y_q^0 & X_q^0 & \cdots & 0 & 0 & \cdots & 0 & 0 \end{bmatrix}$$

式中　q——拟稳点的个数，且 $q > d$（说明，当 $q = d$ 时变为经典自由网），即拟稳平差网外配置的特点是，对应于变动点的系数 G_s 全为0。

【例4-6】　同例4-1，设 A、B 两点为拟稳点，试用伪观测法求解各点的高程平差值。

解：计算过程如下：

(1)取定坐标初值，同例4-1。

(2)列误差方程式，同例4-2。

(3)取网外配置 G 阵，这里拟稳点数为2，变动点数为1，即

$$G^{\mathrm{T}} = (1 \quad 1 \quad 0)$$

(4)组成法方程式，见例4-3。

(5)求参数平差值。

由 $G^{\mathrm{T}} = (1 \quad 1 \quad 0)$，则

$$GG^{\mathrm{T}} = \begin{pmatrix}1 \\ 1 \\ 0\end{pmatrix}(1 \quad 1 \quad 0) = \begin{pmatrix}1 & 1 & 0 \\ 1 & 1 & 0 \\ 0 & 0 & 0\end{pmatrix}$$

于是

$$N + GG^{\mathrm{T}} = \begin{pmatrix}3 & 0 & -1 \\ 0 & 4 & -2 \\ -1 & -2 & 3\end{pmatrix}$$

则有

$$Q = (N + GG^{\mathrm{T}})^{-1} = \begin{pmatrix} \frac{2}{5} & \frac{1}{10} & \frac{1}{5} \\ \frac{1}{10} & \frac{2}{5} & \frac{3}{10} \\ \frac{1}{5} & \frac{3}{10} & \frac{3}{5} \end{pmatrix}$$

于是

$$\hat{x} = QB^{\mathrm{T}}Pl = \begin{pmatrix} \frac{2}{5} & \frac{1}{10} & \frac{1}{5} \\ \frac{1}{10} & \frac{2}{5} & \frac{3}{10} \\ \frac{1}{5} & \frac{3}{10} & \frac{3}{5} \end{pmatrix} \begin{pmatrix} 6 \\ 0 \\ -6 \end{pmatrix} = \begin{pmatrix} 1.2 \\ -1.2 \\ -2.4 \end{pmatrix}$$

(6)计算 $Q_{\hat{x}\hat{x}}$。

由公式直接有：

$$Q_{\hat{x}\hat{x}} = Q - QGG^{\mathrm{T}}Q$$

$$= \begin{pmatrix} \frac{2}{5} & \frac{1}{10} & \frac{1}{5} \\ \frac{1}{10} & \frac{2}{5} & \frac{3}{10} \\ \frac{1}{5} & \frac{3}{10} & \frac{3}{5} \end{pmatrix} - \frac{1}{4}\begin{pmatrix} 1 & 1 & 1 \\ 1 & 1 & 1 \\ 1 & 1 & 1 \end{pmatrix}$$

$$= \begin{pmatrix} \frac{3}{20} & -\frac{3}{20} & -\frac{1}{20} \\ -\frac{3}{20} & \frac{3}{20} & \frac{1}{20} \\ -\frac{1}{20} & \frac{1}{20} & \frac{7}{20} \end{pmatrix}$$

(7)评定参数的精度。

利用观测值改正数计算单位权中误差估值，则

$$V = \begin{pmatrix} v_1 \\ v_2 \\ v_3 \end{pmatrix} = B\hat{x} - l$$

代入求解出的参数有：

$$v_1 = -2.4\ \mathrm{mm}, \quad v_2 = -1.2\ \mathrm{mm}, \quad v_3 = -2.4\ \mathrm{mm}$$

于是有：

$$\hat{\sigma}_0^2 = \frac{[pvv]}{r} = \frac{14.4}{1} = 14.4(\mathrm{mm}^2)$$

则

$$\hat{\sigma}_1 = \hat{\sigma}_0\sqrt{Q_{11}} = \sqrt{14.4 \times 0.15} = 1.0(\mathrm{mm})$$

$$\hat{\sigma}_2 = \hat{\sigma}_0\sqrt{Q_{22}} = \sqrt{14.4 \times 0.15} = 1.0(\mathrm{mm})$$

$$\hat{\sigma}_3 = \hat{\sigma}_0\sqrt{Q_{33}} = \sqrt{14.4 \times 0.35} = 1.6(\text{mm})$$

第五节　三种平差方法的讨论与说明

一、经典自由网平差是秩亏平差的特例

变形观测若采用经典网平差进行数据处理，在高精度的变形观测过程中，为了保证监测数据的有效性和一致性，一般是按经典自由网平差进行数据处理的。经典自由网是指平差模型中，只具有必要的起算数据，习惯称为独立网平差。秩亏自由网平差则将全部控制点都当做待定点，于是其误差方程的系统阵秩亏，秩亏数等于必要的已知数据个数。于是，只要给出满足经典自由网平差要求的网外配置，即可用秩亏平差方法获得经典自由网平差的结果。

对于水准网，要求起算数据必须有一个高程已知的点，即要求其高程在各期平差中保持不变。设该点为 a，即要求满足

$$\delta x_a = 0$$

对于测角三角网，经典自由网要求必须具有两个已知点，分别设为 a 和 b，由于要求数据处理过程中其已知坐标不变，即要求

$$\delta x_a = \delta y_a = \delta x_b = \delta y_b = 0$$

同理，对于边角网或测边网，则要求同时满足：

$$\left.\begin{aligned} \delta x_a = \delta y_a = 0 \\ -\sin\alpha_{ab}\delta x_b + \cos\alpha_{ab}\delta y_b = 0 \end{aligned}\right\}$$

即要求一个点的坐标和一个已知方位角保持不变，这里是 a 为已知点，α_{ab} 为已知方位。于是经典自由网平差的网外配置为：

水准网

$$G^{\mathrm{T}}(0 \quad 0 \quad \cdots \quad 0 \quad 1 \quad 0 \quad 0 \quad \cdots \quad 0)$$

三角网

$$G^{\mathrm{T}} = \begin{pmatrix} 0 & 0 & \cdots & 0 & 1 & 0 & 0 & 0 & 0 & 0 & \cdots & 0 \\ 0 & 0 & \cdots & 0 & 0 & 1 & 0 & 0 & 0 & 0 & \cdots & 0 \\ 0 & 0 & \cdots & 0 & 0 & 0 & 1 & 0 & 0 & 0 & \cdots & 0 \\ 0 & 0 & \cdots & 0 & 0 & 0 & 0 & 1 & 0 & 0 & \cdots & 0 \end{pmatrix}$$

测边网（边角网）

$$G^{\mathrm{T}} = \begin{pmatrix} 0 & 0 & \cdots & 0 & 1 & 0 & 0 & 0 & 0 & 0 & \cdots & 0 \\ 0 & 0 & \cdots & 0 & 0 & 1 & 0 & 0 & 0 & 0 & \cdots & 0 \\ 0 & 0 & \cdots & 0 & 0 & 0 & -\sin\alpha_{ab} & \cos\alpha_{ab} & 0 & 0 & \cdots & 0 \end{pmatrix}$$

其中的非零数字对应着起算的基准点（或方位）。

由此可见，经典自由网除拟合于观测值外（即满足 $V^{\mathrm{T}}PV = \min$），还附合于必要的起算基准，是秩亏平差的特例。

【例 4-7】　同例 4-2，试用伪观测法作经典网的秩亏平差。

设 A 点为已知点，计算过程如下：

取定坐标初值,同自由网平差(统一编号)。

列误差方程式,同自由网平差(统一编号)。

根据水准网性质得网外配置:

$$G^{\mathrm{T}} = (1 \quad 0 \quad 0)$$

(1)计算参数的平差值。

由

$$N = B^{\mathrm{T}}PB = \begin{pmatrix} 2 & -1 & -1 \\ -1 & 3 & -2 \\ -1 & -2 & 3 \end{pmatrix}$$

$$GG^{\mathrm{T}} = \begin{pmatrix} 1 \\ 0 \\ 0 \end{pmatrix}(1 \quad 0 \quad 0) = \begin{pmatrix} 1 & 0 & 0 \\ 0 & 0 & 0 \\ 0 & 0 & 0 \end{pmatrix}$$

则

$$Q = (N + GG^{\mathrm{T}})^{-1} = \begin{pmatrix} 3 & -1 & -1 \\ -1 & 3 & -2 \\ -1 & -2 & 3 \end{pmatrix}^{-1} = \begin{pmatrix} 1 & 1 & 1 \\ 1 & \frac{8}{5} & \frac{7}{5} \\ 1 & \frac{7}{5} & \frac{8}{5} \end{pmatrix}$$

于是

$$\hat{x} = QB^{\mathrm{T}}Pl = \begin{pmatrix} 1 & 1 & 1 \\ 1 & \frac{8}{5} & \frac{7}{5} \\ 1 & \frac{7}{5} & \frac{8}{5} \end{pmatrix}\begin{pmatrix} 6 \\ 0 \\ -6 \end{pmatrix} = \begin{pmatrix} 0 \\ -2.4 \\ -3.6 \end{pmatrix}$$

并求出观测值改正数向量:

$$V = \begin{pmatrix} -1 & 1 & 0 \\ 0 & -1 & 1 \\ 1 & 0 & -1 \end{pmatrix}\begin{pmatrix} 0 \\ -2.4 \\ -3.6 \end{pmatrix} - \begin{pmatrix} 0 \\ 0 \\ 6 \end{pmatrix} = \begin{pmatrix} -2.4 \\ -1.2 \\ -2.4 \end{pmatrix}$$

(2)计算参数的协因数阵。

由秩亏网伪观测法中介绍的公式有:

$$Q_{\hat{x}\hat{x}} = Q - QGG^{\mathrm{T}}Q = \begin{pmatrix} 1 & 1 & 1 \\ 1 & \frac{8}{5} & \frac{7}{5} \\ 1 & \frac{7}{5} & \frac{8}{5} \end{pmatrix} - \begin{pmatrix} 1 & 1 & 1 \\ 1 & 1 & 1 \\ 1 & 1 & 1 \end{pmatrix} = \begin{pmatrix} 0 & 0 & 0 \\ 0 & \frac{3}{5} & \frac{2}{5} \\ 0 & \frac{2}{5} & \frac{3}{5} \end{pmatrix}$$

(3)评定参数精度。

单位权中误差估值:

$$\hat{\sigma}_0 = \sqrt{\frac{[pvv]}{r}} = \sqrt{\frac{14.4}{1}} = 3.8(\mathrm{mm})$$

待定点高程平差值精度:

$$\hat{\sigma}_1 = \hat{\sigma}_0\sqrt{Q_{11}} = \sqrt{14.4 \times 0.0} = 0.0(\text{mm})$$
$$\hat{\sigma}_2 = \hat{\sigma}_0\sqrt{Q_{22}} = \sqrt{14.4 \times 0.6} = 2.9(\text{mm})$$
$$\hat{\sigma}_3 = \hat{\sigma}_0\sqrt{Q_{33}} = \sqrt{14.4 \times 0.6} = 2.9(\text{mm})$$

此时，对 A 点选择网外配置，计算结果表明，此时 A 点的初始坐标成果没有被添加任何改正，且其精度为零，即完全等同于经典平差时的假设条件，即 A 点被当做计算起算的基准。其他点的计算结果与经典自由网也完全一致。

事实上，不论是经典自由网平差，还是秩亏网平差、拟稳平差，它们均可以视为加权秩亏网平差的特例。在秩亏全自由网平差中，由于网中缺少必要的起算数据，误差方程的系数矩阵为列不满秩阵，法方程的系数阵为奇异方阵，虽然法方程是有解方程，但其解不唯一，仅根据最小二乘原理仍然无法求得未知参数 $\hat{x}$ 的唯一确定解。

加权秩亏网平差，即在满足最小二乘 $V^{\mathrm{T}}PV = \min$ 和加权最小范数 $\hat{x}^{\mathrm{T}}P_x\hat{x} = \min$ 的条件下，求定未知参数的最佳估值。式中 P_x 表示未知参数稳定程度的先验权矩阵。当 $P_x = E$ 时，则 $\hat{x}^{\mathrm{T}}P_x\hat{x} = \min$ 变成了 $\hat{x}^{\mathrm{T}}\hat{x} = \min$，加权秩亏网变成了全自由网；如果将待定点分为拟稳点和变动点，并对变动点的先验权取为 0，非拟稳点取 1，则 $\hat{x}^{\mathrm{T}}P_x\hat{x} = \min$ 变成了 $\hat{x}^{\mathrm{T}}\hat{x}_{\mathrm{q}} = \min$，此即拟稳平差的约束条件。

二、平差模型选择与点位稳定性分析的关系

平差的结果是点位稳定性分析的基础，点位稳定性分析又是验证和修正平差模型的依据。平差计算后，得到各点两期观测间的坐标差，这种坐标差的产生包括两方面的原因：一是点位在两期观测时刻间所产生的移动的影响，二是两期观测误差所引起。据此在判断点位是否有移动时，必须顾及到这两方面的大小。当点位移动量很大、比观测误差大很多时，容易得出点位移动的结论，但如果情况不是这样，就会难做出点位是否移动的判断，这时往往只能借助数理统计假设检验手段。在许多变形测量要求尽可能及早发现点位的移动，也就是尽可能在移动量较小时发现，以便及时采取相应的措施时，一方面要尽可能提高观测精度，另一方面应在成果处理上尽可能精确地把观测误差和移动鉴别开来。测量平差方法的选择也是一个与点位稳定性分析密切联系的过程，测量平差即用合适的方法，尽可能排除或减少测量误差的干扰，计算不同时间网点位置的差异量；在此基础上，可以运用数理统计的方法，分析这些差异量是属于误差干扰还是坐标位移等，据此进一步验证和修正平差的模型，再进行成果的合理处理，就会实现变形监测的真正目的。

三、秩亏平差的性质

无论进行何种平差，观测值的改正数 V 不变，观测值的平差值 $\hat{L}$ 也不变，因此网的形状不变，即 $V^{\mathrm{T}}PV = \min$ 原则确定了网的形状。V、$\hat{L}$ 以及它们的函数，不因不同的平差方法而异，因而在秩亏平差中被称为“不变量”，显然，$V^{\mathrm{T}}PV$ 及 $\hat{\sigma}_0$ 也是不变量。

控制点的坐标平差值 $\hat{X}$，即控制点位置的确定，取决于所选的坐标初值 X^0 及所选用的网外配置 $G^{\mathrm{T}}\hat{X} = 0$，在坐标初值已经选定的情况下，不同的网外配置确定了不同的解向量 X

和坐标平差值 $\hat{X}$。

(1)经典自由网平差强制附合于已知数据,若已知点不稳定,将使监控网发生不必要的变形;

(2)秩亏自由网平差满足 $\hat{X}^{\mathrm{T}}\hat{X}=\min$,即拟合于全部控制点的坐标初值,因而没有稳定的基准;

(3)拟稳平差满足 $\hat{X}_q^{\mathrm{T}}\hat{X}_q=\min$,在相对稳定点能事先合理、准确地确定的情况下,具有相对稳定的基准。

在实际应用中,必须根据实际情况考虑上述三种不同平差方法的特点,选择适当的平差方法。

思考题

1. 结合线性代数等相关知识,说明矩阵秩亏的含义及在测量数据处理时,结合网形布置与观测要素等不同情况下秩亏数的确定方法。

2. 变形监测数据处理采用经典平差、秩亏自由网及拟稳平差模型的前提条件分别是什么?在具体的实践过程中,如何有效地利用各种平差模型对变形观测数据进行适当的处理?

3. 以秩亏网中测边网附加 S 为例,验证 $NS=0$,并说明其物理意义。

4. 以水准网为例,求解各种平差模型中解向量间的转换表达式的具体形式,并对各种平差结果进行比较,借以探讨各种平差模型下的结果的异同及意义。

第五章　变形观测资料整理与变形分析

第一节　概　述

变形观测的最终目的是保证工程建筑物安全运行,因此要使变形观测充当工程施工、运营管理的耳目,起到指导工程安全使用和充分发挥工程效益的作用,达到变形观测的目的,我们就不能停留在野外观测这个初始阶段。我们还必须对观测数据作进一步的内业工作,采用科学的方法对大量的、零乱的数据进行整理,削弱偶然误差的影响,找出包括判断形变是否发生的真正的形变信息。更进一步,我们还应建立起形变与引起变形因子之间的关系,找出变形产生的内在机制和发展规律,以便采取适当的措施。

通过野外辛苦的观测,我们获得了有关变形体形变信息的原始数据。但是,这些数据还难以直接反映出形变的本质。这是因为:一方面,数据中存在着难以避免的偶然误差或其他非固定系统误差的影响,它们有可能掩盖了真实的形变信息;另一方面,变形观测的数据量大,在未经整理前很零乱,这就使我们很难直接从这些数据中发现变形的本质性规律。

观测资料整理分析主要包括以下两方面的工作:

(1)观测资料的整理。这一阶段的主要工作是对现场观测所取得的数据资料加以整理、编制成图表和说明,使它们成为便于使用的成果。

(2)观测资料的分析,亦称变形分析。这一阶段的主要工作是分析归纳工程建筑物变形过程、变形规律、变形幅度,分析变形的原因,找出变形值与引起变形因素之间的关系,进而判断工程建筑物施工、运营过程中是否正常。在积累了大量观测数据后,又可以进一步找出工程建筑物变形的内在原因和规律,从而修正设计的理论和采用的经验系数。

由此可知,所谓变形分析,就是对野外观测所得到的数据进行科学的整理、分析,找到真正的形变信息和形变规律的过程。变形观测的目的可以是实用的,也可以是科研的。变形分析为实现这些目的起着重要的作用。

在20世纪50年代以前,变形分析仍主要是资料整理、位移计算、画出位移场(例如等沉陷线)和位移过程线。使变形分析得以迅速发展的是下面这些突破性的工作。1971年,德国测量学家H·Pelzer开始采用统计检验的理论来分析变形网点的稳定性,随后,其他学者也提出了各种不同的方法。1976年,瑞士测量工程师Keller在分析水坝变形观测资料时,应用了自由网平差;随后,葡萄牙教授Rose首次在确定大坝的变形和产生变形的原因之间的关系时,应用了回归分析的方法。近年来,随着计算机的发展,人们开始根据弹性理论用有限单元法进行变形分析,使变形分析的物理解释向前推进了一步。这种分析方法称为确定函数模型法。

目前,变形分析的内容主要有几何分析与物理解释。

几何分析:其目的是得到变形体的几何状态及其变化,它要解决的主要问题是,变形是否发生,如果发生的话,有多大。在几何分析的基础上,还可求出变形的速度与加速度。几何分析采用的方法一般是统计检验中的有关方法,同时通过绘制一定的变形图表来描述变形体变形状态。

物理解释:其目的是在几何分析确认存在变形的基础上进一步确定变形与引起变形的各种物理因素的关系。例如,大坝变形与水位、温度、地质情况等因素的关系。物理解释采用的方法一般有作过程曲线图、回归分析和确定函数模型法。

过程曲线图一般是在同一张图上同时绘制形变过程线和其他物理因素的变化过程线。回归分析法则是以观测数据为基础,统计地建立形变与物理因素的关系,由于该法利用的是已经获得的观测数据,故具有后验的性质,且要求观测的数据不能太少。确定函数模型法则是以弹性理论为基础,解析地建立形变与物理因素的关系。与回归分析法相比,确定函数模型法具有后验的性质。

实际工作中,上述两个内容及采用的各种方法都不应截然分开,而应有机地结合,互为补充。

为工程建筑物而布设的变形观测系统,一般为固定基点—工作基点—观测点的形式。固定基点和工作基点一般被纳入一个统一的变形网(有时又称为监测网)内。由于变形网的观测周期、精度及观测方法与测点观测完全不同,所以二者的变形分析一般也是分开进行的。

对于变形网的变形分析,其主要内容是寻找稳定点和确定工作基点的位移大小。第一个内容的目的是给变形分析提供可靠的基准,第二个内容的目的是给观测点观测成果加以适当的改正。在变形网的变形分析中,一般要用到自由网平差和假设检验的有关理论。当变形网内含有不同类观测数据时,还要采用平差随机模型验后估计的有关方法。同时,为了提高变形分析成果的可靠性,排除粗差及其他模型误差对变形分析成果的干扰,在网的设计和平差过程中,一般要利用测量平差系统可靠性的有关理论和优化设计的有关方法。

对于测点观测的变形分析,其主要内容是:绘制有关变形过程图表,描述变形状态以及寻找或确定变形与引起其变形因素的关系。

在变形分析中,有一个特点是需要注意的,那就是变形网或观测点观测在图形和观测纲要上的固定性。在一般情况下,对于同一个观测环节,其观测图形和观测纲要在不同的观测周期是相同的。这就为变形分析提供两种可能的方法,即坐标分析法和观测值分析法。坐标分析法先利用各期观测值求出网点的坐标,再利用坐标进行变形分析,这种方法具有一般性,也是常用的方法。观测值分析法则是根据上述特点,先求出各期观测之间对应的观测值的差,然后利用观测值的差来进行变形分析。此法有时可减少计算工作量。可以证明,在图形相同、观测精度一致的情况下,这两种方法所得的结果也是一致的,因此采用哪种方法都是可以的。然而,我们建议:在要求较高的变形网的几何分析中,采用坐标分析法。因为该法把平差和变形分析分阶段处理,可以在平差阶段对模型误差作适当的处理,以防止它对变形分析成果的干扰。在要求不高的几何分析中,则可采用观测值分析法,如在多方前方交会中。由于前边提到的特点,图形矩阵 A 和权阵 P 在各期平差中是不变的,因此

$$
\left.\begin{aligned}
X_1 &= (A^{\mathrm{T}}PA)^{-1}A^{\mathrm{T}}PL_1 = \alpha^{\mathrm{T}}L_1 \\
X_2 &= (A^{\mathrm{T}}PA)^{-1}A^{\mathrm{T}}PL_2 = \alpha^{\mathrm{T}}L_2 \\
\Delta X &= \alpha^{\mathrm{T}}L_2 - \alpha^{\mathrm{T}}L_1 = \alpha^{\mathrm{T}}\Delta L
\end{aligned}\right\} \tag{5-1}
$$

如果把 α^{T} 计算出来后，作为一个固定矩阵存储下来，那么以后的位移计算就只不过是一个矩阵与向量的乘法问题了。

第二节　变形观测资料的整理

由前述可知，野外变形观测资料采集完以后，若不及时整理变形观测资料，变形信息就有可能被淹没在大量的、零乱的观测资料中。整理工作的目的就是使这些资料系统化和直观化，以便于从中发现变形信息，找到变形规律。整理工作的主要内容包括以下几个方面：

（1）原始记录、计算的检核；

（2）各种变形观测数据表的填写；

（3）各种变形过程线、工程建筑物变形分布图的绘制。

下面主要介绍第三个方面的内容。

一、观测点变形过程线

某观测点的变形过程线是以时间为横坐标，以累积变形值位移或沉陷、倾斜、挠度等为纵坐标线绘制成的曲线。观测点变形过程线可明显地反映出变形的趋势、规律和幅度，对于初步判断工程建筑物的工作情况是否正常是非常有用的。

观测点变形过程线的绘制方法如下。

（一）根据观测记录填写变形数值表

表 5-1 为位移数值表的样式。

表 5-1　位移数值表

时间（月-日）	01-10	02-11	03-10	04-11	05-10	06-10	07-11	08-11	09-10	10-11	11-11	12-10
5#观测点	+4.0	+6.2	+6.5	+4.2	+4.3	+5.0	+2.2	+3.8	+1.5	+2.0	+3.5	+4.0

（二）绘制观测点实测变形过程线

图 5-1 为根据表 5-1 绘制的某坝 5#观测点的位移过程线，图中横坐标代表时间，纵坐标为观测点的累积位移值。

（三）实测变形过程线的修匀

由于观测是定期进行的，故所得成果在变形过程线上仅是几个孤立点。直接连接这些点自然得到的是折线，加上观测中存在误差，就使实测变形过程线常呈明显跳动的折线形状，如图 5-1 所示。为了更确切地反映建筑物变形的规律，需将折线修匀成圆滑的曲线。常用的修匀方法为“三点法”。如图 5-2 所示，$i-1$、i、$i+1$ 为实测变形过程线中相邻的三个点，用“三点法”修匀的步骤如下：

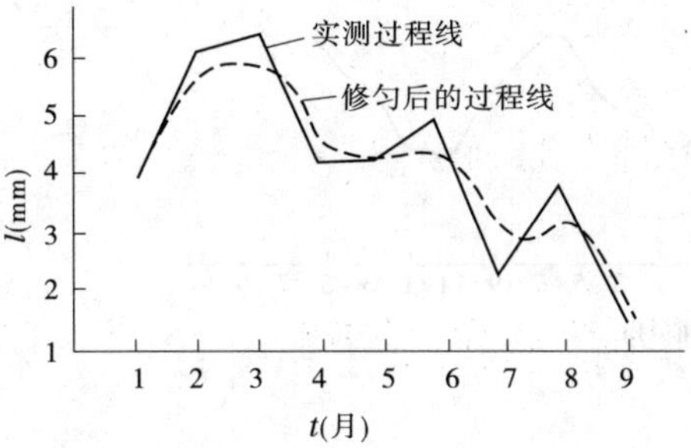

图 5-1　观测点变形过程线

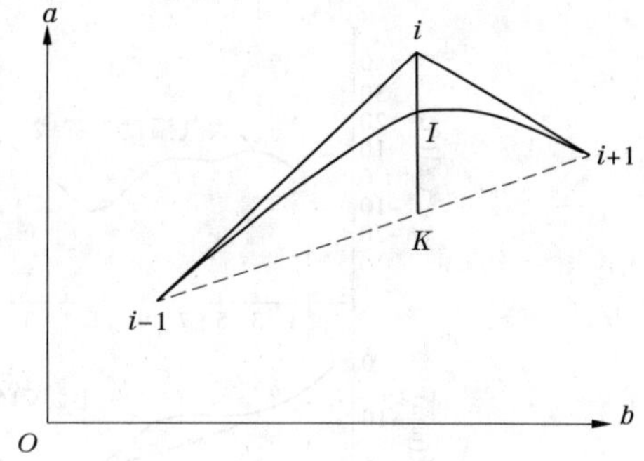

图 5-2　相邻三个点示意图

(1)用直尺将点 $i-1$ 和点 $i+1$ 相连,与过 i 点的纵坐标轴平行线交于点 K。

(2)在直线 $\overline{iK}$ 上求取 I 点,使 $\overline{IK}=\frac{P_i}{[P]}\overline{iK}$,则点 I 即为 i 的修正位置,其中 $[P]=P_{i-1}+P_{i+1}$,而 P_{i-1}、P_i、P_{i+1} 分别为点 $i-1$、i、$i+1$ 根据实际情况决定的权。

当 $P_i=P_{i-1}=P_{i+1}$ 时,$\frac{P_i}{[P]}=\frac{1}{3}$;

当 $P_i=2$,$P_{i-1}=P_{i+1}=1$ 时,$\frac{P_i}{[P]}=\frac{1}{2}$;

当 $P_i=4$,$P_{i-1}=P_{i+1}=1$ 时,$\frac{P_i}{[P]}=\frac{2}{3}$。

由点 1、2、3 修正点 2,由原测点位 2、3、4 修正点 3……将各修正点用圆滑曲线连接起来,即得到修匀后的过程线。图 5-1 中的虚线即为用"三点法"进行修匀后的过程线,修匀中假定权为:$P_i=4$,$P_{i-1}=P_{i+1}=1$。

实际工作中,为了便于分析,常在各种变形过程线上画出与变形有关因素的变化过程线,如库水位过程线、气温过程线等。图 5-3 为某土石坝 160 m 高程处沉陷点的沉陷过程线。图中绘出了气温过程线。因为横坐标(时间)是两个过程线公用的,故画在两个过程线中间。

二、观测点变形分布图

常用的几种变形分布图有如下几种:

(1)变形值剖面分布图是根据某一剖面上各观测点的变形值绘制而成的,其绘制方法类似于地形剖面图。如图 5-4 所示,同时绘制了某混凝土大坝坝顶与挑水鼻坎两个高程处的水平剖面上的水平位移情况。

(2)建筑物或基础沉陷等值线图是根据区域内观测点的沉陷点内插、光滑而成的。其绘制方法与地形等高线相同。图 5-5 为某高层民用建筑物基础的沉陷等值线图。

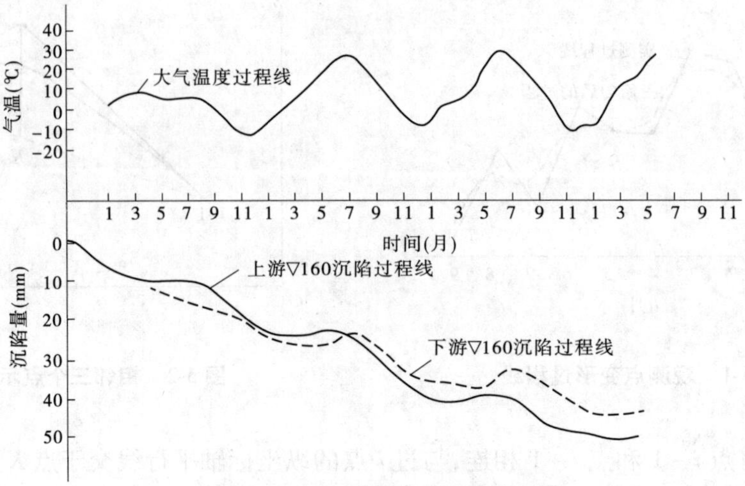

图 5-3　某坝沉陷点沉陷过程线

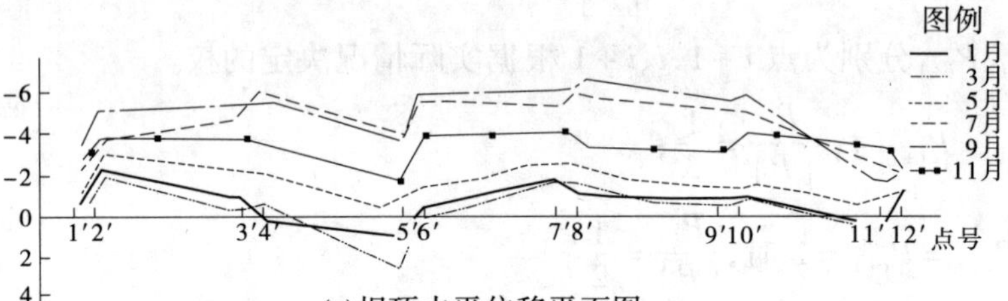

(a)坝顶水平位移平面图

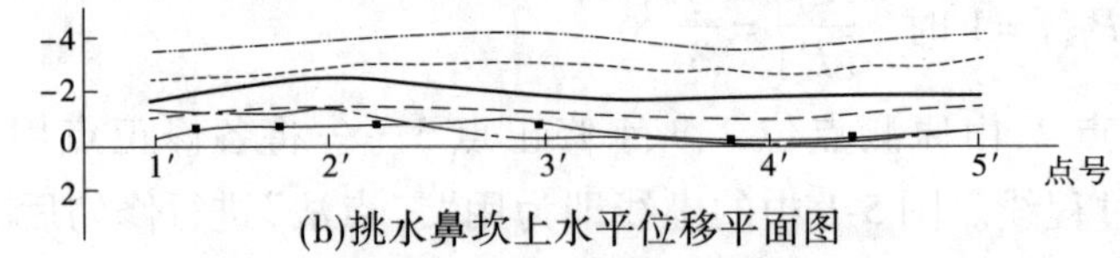

(b)挑水鼻坎上水平位移平面图

图 5-4　变形值剖面分布

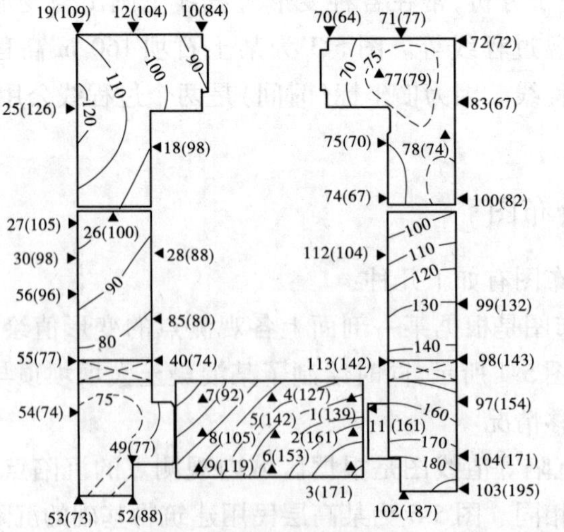

图 5-5　某高层民用建筑物基础的沉陷等值线

第三节　回归分析法

我们知道,描述自然界事物的变量之间的关系大致有两种:一种是确定性关系,另一种是相关关系。确定性关系说明变量之间存在一种明显的制约,在已知自变量的情况下,即可求出因变量,如圆的周长与直径的关系。相关关系则只能说明变量之间存在着一种趋势,如身高与体重的关系。回归分析就是一种以统计理论为基础来确定这种相关关系(或者说使上述趋势定量化)的数学方法。

在进行回归分析时变量有自变量和因变量之分,且假定自变量为非随机量,因变量是正态变量,其方差是固定值。同时要求不同的观测数据都是独立观测得到的。

在变形分析时,根据有关知识,我们往往知道变形量与某些因素之间可能存在着一定的相关关系。例如,大坝在垂直于坝轴线方向上的位移与水位之间可能存在相关关系。然而我们的兴趣不能停止在这种笼统的结论上。我们还希望利用已有的观测资料来解决如下问题:

(1)就分析的实际问题而言,变形量到底与哪类因素有关(相关)?与哪些因素无关或关系不大?相关的程度如何?解决了这个问题就可以从众多的因素中找出主要的因素,以便有的放矢地采取措施。

(2)变形量与各种的确有关(相关)的因素之间的关系如何?或者说,就分析的实际问题找到变型量与有关因素之间的定量化关系。有了这种关系,就可以对未来某种情况下(例如,当水位达到 110 m 时)的变形量作出具有一定统计意义的预报,以便采取预防性措施。

上述两个问题对于工程建筑物的安全显然是重要的,其解决的途径显然是回归分析的方法。

回归分析的理论和方法在一般与统计学有关的著作和教科书中均可以找到。这里我们以大家熟知的最小二乘平差的方法来推导回归分析的有关公式,以便大家从平差角度来认识回归分析。

一、一元线性回归

设 Y 为因变量(例如形变观测值),X 为自变量(例如水位或风力等),二者之间可能存在的相关关系为:

$$Y = a + bX \tag{5-2}$$

式中　a、b——回归系数。

设 X、Y 的一组观测数据为 x_i、y_i($i=1,2,\cdots,n$),写成矩阵形式为 $\underset{n\times 1}{X}$、$\underset{n\times 1}{Y}$。一元线性回归的任务就是要利用这组数据求出回归系数 a、b。

由于观测数据的个数 n 大于未知数 2,将 n 个数据代入式(5-1)时,就得到了一个具有 n 个方程和 2 个未知数的超定方程组。求解该超定方程组时,我们自然会想到利用最小二乘法。于是,引入改正数向量 $\underset{n\times 1}{V}$ 后得到误差方程式:

$$y_i + v_i = \hat{a} + \hat{b}x \quad (i = 1,2,3,\cdots,n) \tag{5-3}$$

式(5-3)称为一元线性回归的数学模型,写成矩阵形式为:

$$\underset{n\times 2}{A} = \begin{bmatrix} 1 & x_1 \\ 1 & x_2 \\ \vdots & \vdots \\ 1 & x_n \end{bmatrix}, \underset{2\times 1}{\hat{Z}} = \begin{pmatrix} \hat{a} \\ \hat{b} \end{pmatrix} \tag{5-4}$$

假定等权时,在 $V^{\mathrm{T}}V = \mathrm{mim}$ 的原则下,得法方程式

$$\begin{bmatrix} n & \sum x_i \\ \sum x_i & \sum x_i^2 \end{bmatrix} \begin{pmatrix} \hat{a} \\ \hat{b} \end{pmatrix} = \begin{bmatrix} \sum y_i \\ \sum x_i y_i \end{bmatrix} \tag{5-5}$$

解此法方程,即得

$$\begin{pmatrix} \hat{a} \\ \hat{b} \end{pmatrix} = \begin{bmatrix} Q_{11} & Q_{12} \\ Q_{21} & Q_{22} \end{bmatrix} \begin{bmatrix} \sum y_i \\ \sum x_i y_i \end{bmatrix} \tag{5-6}$$

其中

$$\left.\begin{aligned} Q_{11} &= \sum x_i^2 / T \\ Q_{12} &= -\sum x_i / T = Q_{21} \\ Q_{22} &= n/T \\ T &= n\sum x_i^2 - (\sum x_i)^2 \end{aligned}\right\} \tag{5-7}$$

于是,$\hat{a}$、$\hat{b}$的计算公式为:

$$\left.\begin{aligned} \hat{a} &= \frac{1}{T}(\sum x_i^2 \sum y_i - \sum x_i \sum x_i y_i) \\ \hat{b} &= \frac{1}{T}(-\sum x_i \sum y_i + n\sum x_i y_i) \end{aligned}\right\} \tag{5-8}$$

若采用中心化数据,则可导出更简单的公式:

$$\left.\begin{aligned} \hat{a} &= \bar{y} - \bar{x}\hat{b} \\ \hat{b} &= \frac{[xy] - n\bar{x}\bar{y}}{[xx] - n\bar{x}\bar{x}} \\ \bar{x} &= \frac{1}{n}[x] \\ \bar{y} &= \frac{1}{n}[y] \end{aligned}\right\} \tag{5-9}$$

由平差理论可知,回归系数$\hat{a}$、$\hat{b}$的方差和协方差为:

$$\left.\begin{aligned} D_{\hat{a}}^2 &= Q_{11}\sigma_0^2 \\ D_{\hat{b}}^2 &= Q_{22}\sigma_0^2 \\ D_{\hat{a}\hat{b}}^2 &= Q_{12}\sigma_0^2 \end{aligned}\right\} \tag{5-10}$$

式中 σ_0——因变量 y_i 的观测方差,可采用先验值。

二、相关关系显著性检验

前已述及,在回归分析时,函数的形式是假定的,尽管这种假定是凭经验或其他一些有

意义的方法得出的，但我们还没有充分的依据可以肯定。因此，要利用已观测到的数据进行检验，即检验线性关系是否真正存在。

在统计学中已经知道，相关系数是描述随机量线性相关程度的量，因此很自然地会利用它。

$$\hat{\rho}_{xy} = \frac{S_{xy}}{S_x S_y} = \frac{\sum x_i^0 y_i^0}{\sqrt{\sum (x_i^0)^2}\sqrt{\sum (y_i^0)^2}} \tag{5-11}$$

据有关文献的推导，当 X、Y 均服从正态分布时，$\hat{\rho}_{xy}$ 的分布密度为：

$$f_n(\hat{\rho}_{xy}) = \frac{\Gamma(\frac{n-1}{2})}{\sqrt{\pi}\Gamma(\frac{n-2}{2})}(1-\hat{\rho}_{xy})^{\frac{n-1}{2}}$$

据此可以计算在一定置信水平 α 下的相关系数表（见表 5-2）。当 $\hat{\rho}_{xy}$ 大于表 5-2 中临界值时，即可认为 X、Y 相关。表 5-2 即为相关系数的临界值。

表 5-2　相关系数检验法的临界值

自由度	置信水平		自由度	置信水平	
	5%	1%		5%	1%
1	0.997	1.000	24	0.388	0.496
2	0.950	0.990	25	0.381	0.487
3	0.878	0.959	26	0.374	0.478
4	0.811	0.917	27	0.367	0.470
5	0.754	0.874	28	0.361	0.463
6	0.707	0.834	29	0.355	0.465
7	0.666	0.798	30	0.349	0.449
8	0.632	0.765	35	0.325	0.418
9	0.602	0.735	40	0.304	0.393
10	0.576	0.708	45	0.288	0.372
11	0.553	0.684	50	0.273	0.354
12	0.532	0.661	60	0.250	0.325
13	0.514	0.641	70	0.230	0.302
14	0.497	0.623	80	0.217	0.283
15	0.482	0.606	90	0.205	0.267
16	0.468	0.590	100	0.195	0.254
17	0.456	0.575	125	0.174	0.228
18	0.444	0.561	150	0.159	0.208
19	0.433	0.549	200	0.138	0.181
20	0.423	0.537	300	0.113	0.148
21	0.413	0.526	400	0.098	0.128
22	0.404	0.515	500	0.088	0.115
23	0.396	0.505	1 000	0.062	0.087

除相关系数检验外,还可以用方差分析法进行检验。

设 y_i 为 y 的观测值,$\bar{y}$ 为观测值的均值,$\hat{y}_i$ 为利用回归方程求出的值,则可证明:

总和 $$Q = \sum(y_i - \bar{y})^2 \tag{5-12}$$

可分解为: $$Q = Q_1 + Q_2 \tag{5-13}$$

其中

$$Q_1 = \sum(\hat{y}_i - \bar{y})^2$$

$$Q_2 = \sum(y_i - \hat{y}_i)^2 = \sum V_i^2$$

进一步推导可以得出 Q_1 和 Q_2 的数学期望:

$$\left.\begin{aligned} E(Q_1) &= b^2\sum(x_i - \bar{x})^2 + \sigma_0^2 \\ E(Q_2) &= (n-2)\sigma_0^2 \end{aligned}\right\} \tag{5-14}$$

可见,Q_2 主要受偶然误差的影响,Q_1 主要受常驻回归方程一次项的影响,即线性关系的影响。基于这一原因,常把 Q_2 称为误差方和,Q_1 称为回归差方和。

依据上述分析,我们自然会想只利用 Q_1 和 Q_2 来检验线性关系是否存在(即 $b=0$)。我们取 $H_0:E(b)=0$,根据 χ^2 分布的分解定理,在 H_0 下,$\frac{Q_1}{\sigma_0^2}$和$\frac{Q_2}{\sigma_0^2}$分别独立地服从 $\chi^2_{(1)}$ 和 $\chi^2_{(n-2)}$。于是统计量:

$$F = \frac{Q_1}{\frac{Q_2}{(n-2)}} \sim F(1, n-2) \tag{5-15}$$

故可利用 F 分布对 H_0 进行检验。检验的拒绝域为:

$$F > F_a(1, n-2)$$

必须指出的是:当 V_1 中仅含有偶然误差时,方差分析法检验效果是有效的。但就 V_1 还含有模型中未考虑足够数目的自变量或高次项引起的系统偏差时,方差分析法会因为系统偏差的存在而使 Q_2 增大,因而也就使 F 变量减小,这样,实际上当 b 不为 0 时,F 能位于接受域内,得到 $b=0$ 的结论。

复相关系数法可以克服上述缺陷,其定义为:

$$R = \sqrt{\frac{Q_1}{Q}} \tag{5-16}$$

如果 R 趋近于 0,说明一次项 bx 的影响很小,很可能还存在其他因素的影响。

采用复相关系数检验时,可利用特制的复相关系数表查取临界值,也可以利用 F 分布表,可以导出

$$R = \sqrt{\frac{F}{(n-2)+F}} \tag{5-17}$$

因此,临界值的关系为:

$$R_a = \sqrt{\frac{F_a}{(n-2)+F_a}} \tag{5-18}$$

第四节　多元线性回归分析法

变形值可能受多种因素影响。要查明变形值与多种因素间的相关关系,可以用多元线性回归的方法。

类似于一元线性回归,在加入改正数向量后可得到多元线性回归的数学模型:

$$y_i + V_i = b_0 + b_1 x_{i,1} + b_2 x_{i,2} + \cdots + b_m x_{i,m} \quad (i = 1,2,\cdots,n) \tag{5-19}$$

写成矩阵形式为:

$$\underset{n\times1}{Y} + \underset{n\times1}{V} = \underset{n\times(m+1)}{A} \cdot \underset{(m+1)\times1}{\hat{Z}} \tag{5-20}$$

其中

$$\underset{n\times(m+1)}{A} = \begin{bmatrix} 1 & x_{1,1} & x_{1,2} & \cdots & x_{1,m} \\ 1 & x_{2,1} & x_{2,2} & \cdots & x_{2,m} \\ \vdots & \vdots & \vdots & & \vdots \\ 1 & x_{n,1} & x_{n,2} & \cdots & x_{n,m} \end{bmatrix}, \quad \underset{(m+1)\times1}{\hat{Z}} = \begin{bmatrix} \hat{b}_0 \\ \hat{b}_1 \\ \hat{b}_2 \\ \vdots \\ \hat{b}_m \end{bmatrix}$$

式(5-19)显然与平差中的误差方程式具有相同的形式。因此,只须在用观测数据填满矩阵 A 和向量 Y 后即可用最小二乘法求解。

多元线性回归除可以解决变形值与多种因素线性关系的回归问题外,还可以解决变形值与某种因素的非线性关系的回归问题。最常用的有多项式回归和三角多项式回归。

设变形值 Y 与因素 X 的关系为非线性,则它可以表示成泰勒级数,在一定的精度要求下,Y 与 X 关系可以表示成多项式关系。

$$y = b_0 + b_1 x + b_2 x^2 + \cdots + b_n x^m \tag{5-21}$$

$$y_i + V_i = y = b_0 + b_1 x + b_2 x^2 + \cdots + b_n x^m \tag{5-22}$$

令

$$x = x, x_2 = x^2, \cdots, x_n = x^n$$

则回归问题的数学模型转化为:

$$y_i + V_i = b_0 + b_1 x_{1,i} + b_2 x_{2,i} + \cdots + b_n x_{m,i} \tag{5-23}$$

显然它与多元线性回归问题的数学模型一致,因而可以套用其方法。

三角多项式回归是解决变形值与某项因素的周期关系的回归问题的一种方法,又称频谱分析或调和分析。

依据三角级数理论,任一有限周期函数均可展开成三角级数。因而,在一定的精度要求下,总可能表示成有限次的三角多项式。

三角多项式回归的数学模型为:

$$y_i + V_i = a_0 + \sum_{k=1}^{m} (a_k \cos kt_i + b_k \sin kt_i) \tag{5-24}$$

令

$$x_{k,i} = \cos kt_i$$

$$Z_{k,i} = \sin kt_i$$

则原模型可转化为:

$$y_i + V_i = a_0 + \sum_{k=1}^{m} (x_{k,i} a_k + Z_{k,i} b_k) \tag{5-25}$$

显然它与多元线性回归的数学模型一致,因此可以用相同的方法求解。

考虑到三角多项式的一些待征,右以推出回归系数计算的实用公式。

$$\left.\begin{aligned} \hat{a}_0 &= \frac{1}{n} \sum y_i \\ \hat{a}_k &= \frac{2}{n} \sum y_i \cos kt_i \\ \hat{b}_k &= \frac{2}{n} \sum y_i \sin kt_i \end{aligned}\right\} \tag{5-26}$$

在多元线性回归中,我们是在假定变形值与回归方程中的各因素均有显著线性关系的前提下进行的。这种假定是没有充分依据的,必须依赖观测资料进行统计检验。

由于因素多且相互干扰,多元线性回归的统计检验比一元线性的统计检验要复杂得多。这种方法是把回归与检验结合起来,形成一个完整的逐步回归算法,其过程如下。

(1)对 t 个因子建立起一元线性回归方程,并计算残差平方和:

$$R_i = \sum (y_i - \hat{y}_i)^2 \tag{5-27}$$

取与 R 最小的相应的那个因子作预选因子,对其进行显著性检验,显著时,接纳进入回归方程,并令 $m=1$。

(2)相应选入的因子,依次另加其客观存在未选入的因子,建立 $m+1$ 元回归方程。于是可建立 $t-m$ 个方程,并计算每个方程的残差平方和。

计算残差平方和差数:

$$\Delta R = R_m - R_{m+1} \tag{5-28}$$

ΔR 反映了增加一个因子后残差平方和的减少量,而且可以证明,在 $H_0:b_m=0$ 下,$\frac{\Delta R}{\sigma_0^2}$与$\frac{R_{m+1}}{\sigma_0^2}$独立地服从$\chi^2(1)$T 和$\chi^2(n-m-2)$,因此

$$F = \frac{\Delta R(n-m-2)}{R_{m+1}} \sim F(1, n-m-2) \tag{5-29}$$

故可用 F 检验法以 H_0 进行检验。

检验只对 ΔR 最大的因子进行,当显著时,接纳该因子进入回归方程。

(3)取 $m=2$,相应于已选入的第二个因子,转步骤(2)。

(4)取 $m=3$,对原已选入的两个因子的显著性重新检验,不显著时应予以剔除,然后重复步骤(2)。

最后得到合适的回归方程。这一过程可以编成相应的电算程序。这种电算程序可以从相关的程序汇编或计算方法的书籍中找到,在应用这些程序时,就注意不同程序可能采用不同计算公式,但原理是基本相同的。

第五节　非线性回归分析法

在变形观测的实践当中,变形值与变形因数之间的关系并非都是线性的,常常会出现非

线性关系。解决这类非线性回归问题,一般是通过变量的变换化为线性回归问题:即将自变量和因变量进行适当的率换,把曲线方程化为直线方程。

进行非线性回归分析的方法是:先根据专业经验或散点数确定函数类型,即配上合适的曲线,再把它化为直线,使之变成直线回归。

可以化为线性回归的常用曲线有如下几种:

(1)选配曲线为幂函数。

$$y = ax^b \tag{5-30}$$

取对数后得:

$$\log y = \log a + \log b \log x$$

令 $y' = \log y, \quad a' = \log a, \quad x' = \log x$

则有 $$y' = a' + bx' \tag{5-31}$$

经过上述变换,即可按线性回归方法计算出 b' 和 b,然后把 a' 和 a 代入式(5-28)即可得到幂函数回归方程。

(2)选配曲线为指数函数。

$$y = ae^{bx} \tag{5-32}$$

取对数后得:

$$\ln y = \ln a + bx$$

令 $y' = \ln y, \quad a' = \ln a$

则线性回归方程为:

$$y' = a' + bx \tag{5-33}$$

(3)选配曲线为高次曲线。

$$y = b_0 + b_1x + b_2x^2 + \cdots + b_kx^k \tag{5-34}$$

令 $x'_1 = x, x'_2 = x^2, x'_3 = x^3, \cdots, x'_k = x^k$

可得线性回归方程为:

$$y = b_0 + b_1x'_1 + b_2x'_2 + \cdots + b_kx'_k \tag{5-35}$$

(4)选配的曲线为任意多项式。

如: $$y = b_0 + b_1x_1 + b_2x_2 + b_3x_1^2 + b_4x_1x_2 + b_5x_2^2 \tag{5-36}$$

令 $x'_1 = x_1, x'_2 = x_2, x'_3 = x_1^2, x'_4 = x_1x_2, x'_5 = x_2^2$

则变换后的线性回归方程为:

$$y = b_0 + b_1x'_1 + b_2x'_2 + b_3x'_3 + b_4x'_4 + b_5x'_5 \tag{5-37}$$

一般来说,(3)、(4)两种形式在作曲线回归时应用较多。应该注意的是,当利用回归方程对变形进行预报和对观测进行控制时,其适用范围仅限于自变量试验时的取值范围,不能任意外推,否则,有可能出现错误的结果。

第六节 应用实例

【例 5-1】 一元回归分析。表 5-3 为某混凝土坝坝基沉陷的观测值及相应的库水位,建立坝基沉陷与库水位的回归方程。

表 5-3 某坝基沉陷及相应的库水位观测值

观测编号	库水位 x (m)	坝基沉陷 y (mm)	观测编号	库水位 x (m)	坝基沉陷 y (mm)
1	114.37	-1.73	25	141.52	-6.43
2	95.50	-0.98	26	142.20	-6.54
3	100.44	-0.87	27	145.37	-6.09
4	112.17	-2.99	28	144.70	-6.02
5	124.91	-3.00	29	149.96	-7.17
6	125.76	-3.13	30	49.61	-6.97
7	127.64	-4.30	31	145.07	-6.98
8	129.59	-4.74	32	144.10	-7.02
9	127.85	-5.18	33	146.01	-7.62
10	118.56	-3.70	34	145.37	-7.11
11	119.73	-1.98	35	145.48	-7.16
12	134.60	-4.41	36	142.42	-7.56
13	133.75	-3.78	37	135.70	-5.95
14	131.26	-4.84	38	136.74	-6.20
15	131.02	-5.42	39	142.97	-7.39
16	128.35	-5.79	40	149.24	-9.41
17	130.71	-4.76	41	155.34	-8.33
18	141.45	-5.33	42	152.14	-6.99
19	144.12	-5.57	43	144.41	-5.18
20	142.49	-6.34	44	137.81	-5.42
21	143.93	-6.27	45	142.97	-5.55
22	143.02	-1.87	46	146.83	-6.87
23	142.01	-5.04	47	157.53	-8.31
24	144.09	-6.23	48	154.40	-8.14

解算步骤如下:

(1)由表 5-3 数据作出散点图。

如图 5-6 所示,图中 x 轴代表库水位,y 轴代表坝基沉陷量。根据该散点图,可能认为 y 与 x 之间存在线性相关关系,故采用一元线性回归。

将表 5-3 中数据代入式(5-7)可算得

$$\hat{a} = 12.25$$

$$\hat{b} = -0.13$$

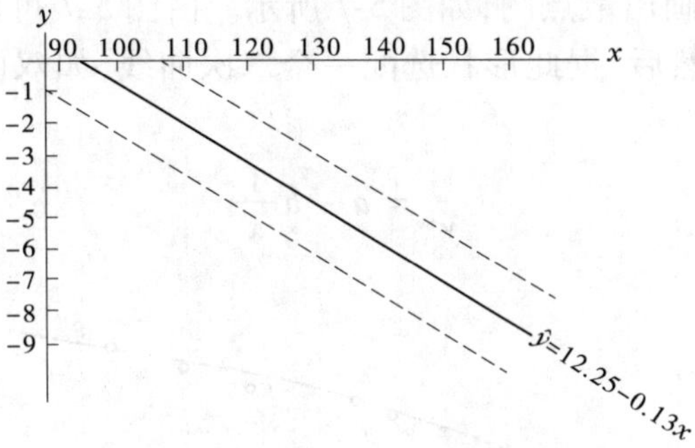

图 5-6　一元线性回归结果示意图

于是，回归方程为：

$$\hat{y} = 12.25 - 0.13x \tag{5-38}$$

注意：$\hat{a}$、$\hat{b}$ 也可采用式(5-8)计算，此时应在表 5-3 中增设专用栏以计算 x_i^0、y_i^0。

(2)计算出各观测值的回归改正数(残差)，然后算得回归中误差：

$$\hat{S} = \sqrt{\frac{[VV]}{n-2}} = \pm 0.813(\text{mm}) \tag{5-39}$$

计算出 $\hat{S}$ 可以用于构成一个简单的预测区间，关于预测将在以后讨论。

(3)回归效果检验。按式(5-13)求取子样的相关系数为：

$$\rho_{\hat{x}\hat{y}} = 0.908$$

取置信水平 $\alpha = 0.01$，根据 $n = 46$ 查相关系数临界值表(见表 5-2)，得

$$\rho_{0.01}(46) = 0.368$$

显然有：

$$\rho_{\hat{x}\hat{y}} > \rho_{0.01}(46)$$

故变量之间的线性相关是密切的，得到的回归方程(5-37)是有效的。

【例 5-2】　非线性回归分析。表 5-4 为工程变形观测项目的观测数据，试对其进行回归分析。

表 5-4　变形观测数据记录

序号	x	y	序号	x	y
1	2	106.42	8	11	110.59
2	3	108.20	9	14	110.60
3	4	109.58	10	15	110.90
4	5	109.50	11	16	110.76
5	7	100.00	12	18	111.00
6	8	109.93	13	19	111.20
7	10	100.49			

解算过程如下：

(1)选配曲线(确定函数数学模型)。

首先，根据观测数据画出散点图，如图 5-7 所示。由图 5-7 可以看出，最初 y 值增加较快，随之逐渐趋于平缓。然后，据此形状选配一个二次曲线，如双曲线比较合适，即用下式表示：

$$\frac{1}{y} = a + b\frac{1}{x}$$

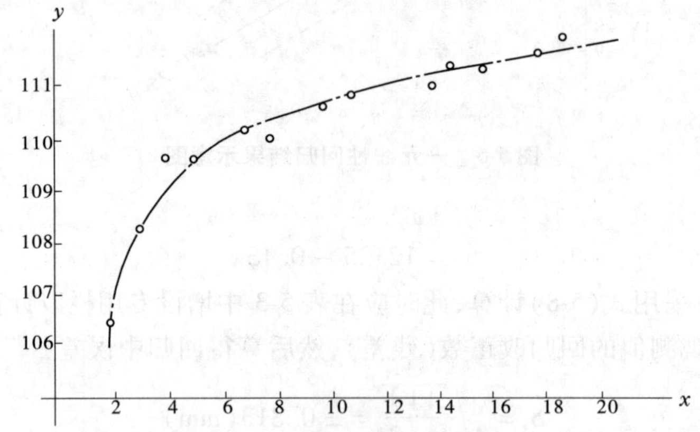

图 5-7　观测数据散点图

(2)化曲线为直线回归方程的计算

在上式中令

$$y' = \frac{1}{y}, \quad x' = \frac{1}{x}$$

得变换后的线性回归方程为：

$$y' = a + bx'$$

按式(5-8)求出回归系数 b，顾及 $y' = \frac{1}{y}$，$x' = \frac{1}{x}$，则式(5-8)变为

$$b = \frac{\sum \frac{1}{x_i y_i} - \frac{1}{n}\sum \frac{1}{x_i}\sum \frac{1}{y_i}}{\sum (\frac{1}{x_i})^2 - \frac{1}{n}(\sum \frac{1}{x_i})^2}$$

根据表 5-4 中的数据，计算结果如下：

$$\bar{x}' = \frac{\sum \frac{1}{x_i}}{n} = \frac{2.050\,882}{13} = 0.157\,760$$

$$\bar{y}' = \frac{\sum \frac{1}{y_i}}{n} = \frac{0.118\,267}{13} = 0.009\,097$$

$$\sum \frac{1}{x_i y_i} - \frac{1}{n}\sum \frac{1}{x_i}\sum \frac{1}{y_i} = 0.018\,835 - \frac{1}{13} \times (2.050\,882 \times 0.118\,267) = 0.000\,177$$

$$\sum (\frac{1}{x_i})^2 - \frac{1}{n}(\sum \frac{1}{x_i})^2 = 0.537\,218 - \frac{1}{13} \times (2.050\,882)^2 = 0.213\,671$$

则

$$\hat{b} = \frac{0.000\,177}{0.213\,671} = 0.000\,828$$

由此可计算出回归常数 a,得

$$\hat{a} = \bar{y}' - b\bar{x}' = 0.008\,967$$

最后得到变换后的线性回归方程:

$$\bar{y}' = 0.008\,967 + 0.000\,828\bar{x}'$$

(3)求所配曲线的回归方程,即双曲线回归方程。

将 $y' = \dfrac{1}{y}, x' = \dfrac{1}{x}$ 代入上式得:

$$\frac{1}{\hat{y}} = 0.008\,967 + 0.000\,828\,\frac{1}{x}$$

即

$$\hat{y} = \frac{1}{0.008\,967x + 0.000\,828}$$

关于多元回归方程的计算例子,由于过程复杂,占篇幅太多,在此略去。

第七节　线性假设检验的一般知识

假设检验是人们利用有限的统计资料作出统计决策的一项有效手段。

近代测量误差理论认为:观测过程是对母体的抽样过程。对被观测量的一次观测,实质上是对母体的一次抽样,任何一个观测值都是对母体抽样的一个样本值。根据这一观点,观测数据的处理和分析与统计资料的处理和分析有着十分密切的关系。

早在 20 世纪 60 年代,国内外测量学家就开始致力于用数理统计来解决测量数据处理问题的研究,并取得了丰硕的成果,为近代数据处理打下了坚实的理论基础。在变形分析领域,德国测量学家 H. Pelzer 早在 1971 年开始应用统计检验的理论来分析变形网点的稳定性,1975 年,Koch 提出的线性假设检验的理论和方法系统地解决了变形模型的统计检验问题。

基于假设检验的理论,对于变形的几何分析,我们可以采用如下的方法:先根据一定的先验知识(结构、地质条件等)或问题的重要性对变形模式作一个主观的假定,然后将这种假定模式转化为一定的数学模型,再用假设检验的方法利用已经得到的观测数据来检验这种变形模式的正确性。

例如,在变形几何分析中,我们希望根据已得的观测数据判断某工作基点是否发生了位移。据此我们先假定该工作基点未发生位移,并将这种假设转化为数学模型:

$$E(\Delta\hat{X}_i) = 0\,,\quad E(\Delta\hat{Y}_i) = 0$$

式中　i——工作基点在网内的编号。

然后,利用现有的观测资料来检验这个假设的正确性。当检验结果说明这个假设是正确的时(统计意义),我们即认为该工作基点未发生位移。反之,则认为该工作基点发生了位移,并把由观测值算出的 ΔX_i、ΔY_i 作为位移值。

由上述可知,利用统计检验的方法来进行变形的几何分析一般应做好如下几项工作:

(1)提出假设变形模式;

(2)将模式转化为便于处理的数学模型;

(3)对转化后的模型进行检验。

上述第一项工作一般随问题的不同而不同。第二项工作可采用适当的数学方法，对于变形分析的模型，一般要求转化为线性形式。上述第三项工作虽然有许许多多的方法可以应用，但我们还是希望能找到一种特别适合于变形分析的方法。这就是我们要介绍的线性假设检验法。

线性假设检验法是由德国测量学家 Koch 于 1975 年提出的。其主要特点是检验过程与平差过程紧密地结合在一起，便于测量人员学习、使用。该法的另一个特点是它的一般性，利用它几乎可以导出测量界目前所有的检验方法（如著名的数据探测法等）。在变形分析中，只要我们把假定的变形模式抽象为线性模型，即可直接应用此法。

设平差模型为：

$$L + V = AX \tag{5-40}$$

检验模型为：

$$H_0: E(B\hat{X}) = W \tag{5-41}$$

$$H_1: E(B\hat{X}) = C \tag{5-42}$$

式中 $\hat{X}$——平差模型的最小二乘解。

为了使推导结果适合于无固定基准的变形分析问题，这时对系数阵 A 的秩不作何限制。

设 H_0 为真，则得到由式(5-40)和式(5-41)合并而成的约束平差模型：

$$\left.\begin{aligned} L + V &= AX \quad P \\ BX &= W \end{aligned}\right\} \tag{5-43}$$

在选定的参考系下分别平差式(5-40)和式(5-43)，可得各自的残差向量 $\hat{V}$ 和 $\bar{V}$、未知数各量 $\hat{V}$ 和 $\bar{V}$。其中式(5-40)的差结果为：

$$\left.\begin{aligned} \hat{X} &= N^{-} A^{\mathrm{T}}PL \\ \hat{V} &= A\hat{X} - L \end{aligned}\right\} \tag{5-44}$$

若平差式(5-43)采用相关平差的理论分步解算，则直接导出：

$$\left.\begin{aligned} \hat{X} &= \hat{X} - N^{-} B^{\mathrm{T}}M_B^{-}(B\hat{X} - W) \\ \hat{V} &= A\hat{X} - l \\ &= A\hat{X} - L - AN^{-} B^{\mathrm{T}}M_B^{-}(B\hat{X} - W) \end{aligned}\right\} \tag{5-45}$$

其中 $N = A^{\mathrm{T}}PA, \quad M_B = BQ_xB^{\mathrm{T}}$

借助于式(5-44)、式(5-45)，可以推证

$$(\bar{V} - \hat{V})^{\mathrm{T}}P\hat{V} = 0 \tag{5-46}$$

$$(\bar{V} - \hat{V})^{\mathrm{T}}P(\bar{V} - \hat{V}) = (B\hat{X} - W)^{\mathrm{T}}M_B^{-}(B\hat{X} - W) \tag{5-47}$$

式(5-46)说明：在 H_0 为真的条件下，统计量

$$R = V^{\mathrm{T}}\hat{P}\hat{V} \tag{5-48}$$

和 $$\Delta R = (\bar{V} - \hat{V})^{\mathrm{T}}P(\bar{V} - \hat{V}) = (B\hat{X} - W)^{\mathrm{T}}M_B^{-}(B\hat{X} - W) \tag{5-49}$$

是相互独立的，又根据χ^2分布的定义及测量误差的正态性观点，则有：

$$\frac{R}{\sigma_0^2} \sim \chi^2(n-t) \tag{5-50}$$

$$\frac{\Delta R}{\sigma_0^2} \sim \chi^2(K) \tag{5-51}$$

式中　n——观测值个数；

t——独立的未知数个数；

K——线性假设中独立方程的个数（或者说系数阵B的秩）；

σ_0——先验单位权方差。

于是，顾及式（5-49）、式（5-50）及F分布的定义，则有：

$$T = \frac{\frac{\Delta R}{k}}{\frac{R}{n-t}} \sim F(k, n-t) \tag{5-52}$$

选取一定的置信水平（例如0.05或0.01）即可对H_0进行检验，该检验的拒绝域为：

$$T > F_\alpha(k, n-t) \tag{5-53}$$

由此可见，只要根据平差结果计算出统计量T，就可在选定的置信水平α上对原来假定的变形模型进行统计检验，当T值位于拒绝域时，则拒绝原来假定的变形模型，接受备选的假定变形模型。反之，当T值不位于拒绝域时，则接受假定的变形模型。

值得指出的是：从式（5-48）～式（5-52）可以看出，统计变量T的计算只需要残差向量，而由自由网平差的有关理论可知，残差是独立于参考系（或广义逆的形式）的不变量。因此，上述检验结果是独立于参考系的。或者说，不论平差时采用了哪种形式的广义逆，上述检验结果是不会改变的。

关于统计量T的计算，由式（5-48）、式（5-49）可以看出，可以同时利用两套平差的结果，即式（5-40）平差的结果和式（5-44）平差的结果，也可以只利用式（5-40）平差的结果（残差和未知数）。然而，在变形分析的实际过程中，一般还是采用后者，因为从整体上来讲，后者的计算量要小。

关于$\frac{R}{n-t}$（实际上是验后单位权方差）的计算，有两点需要说明：

（1）对于小样本（小网）或已有足够可靠的先验值的情况，实际工作中可以采用先验值。在这种情况下，统计量T退化为χ^2变量。此时，检验的拒绝域为：

$$T = \frac{\Delta R/k}{\sigma_0^2} > k\chi_\alpha^2(k)$$

或

$$T = \frac{\Delta R}{\sigma_0^2} > \chi_\alpha^2(k)$$

（2）在变形分析中，平差模型式（5-40）实际上是两期观测的总体平差模型，关于这一点，本章第六节将作更进一步的阐述。单位权方差计算实际上是利用两期观测的残差进行综合计算的。然而，在实际工作中，平差是分期单独进行的，单位权方差也是单独进行的。此时可利用如下的单位方差综合公式来计算$\frac{R}{n-t}$。

$$\frac{R}{n-t}=\frac{(n_1-t_1)m_1^2+(n_2-t_2)m_2^2}{n_1+n_2-t_1-t_2} \tag{5-54}$$

式中 n_1、n_2——第一、二期观测值个数；

t_1、t_2——第一、二期未知数个数；

m_1、m_2——第一、二期平差所求出的验后单位权方差。

式(5-54)是一个很有用的公式，实际工作中许多综合精度评定的场合都可能用到它。

第八节　变形模型的统计检验与变形网的几何分析

这里我们将应用上两节所介绍的自由网平差和线性假设检验的理论来解决变形网几何分析(稳定性分析)中的有关问题。

设 L_1、L_2 为第一、二期观测的观测向量，V_1、V_2 为相应的残差向量，A_1 和 A_2 为第一、二期观测的图形矩阵(误差方程式系数阵)，X_1 和 X_2 为变形网点在一、二期观测中的坐标改正数(假定采用相同的近似坐标)。它们都通过如下的总体平差模型联系起来：

$$\begin{bmatrix} L_1 \\ L_2 \end{bmatrix}+\begin{bmatrix} V_1 \\ V_2 \end{bmatrix}=\begin{bmatrix} A_1 & 0 \\ 0 & A_2 \end{bmatrix}\begin{bmatrix} X_1 \\ X_2 \end{bmatrix},\quad \begin{bmatrix} P_1 & 0 \\ 0 & P_2 \end{bmatrix} \tag{5-55}$$

又设选定的变形模型(作为零假设)为：

$$E\left[(B_1B_2)\begin{pmatrix} \hat{X}_1 \\ \hat{X}_2 \end{pmatrix}\right]=W \tag{5-56}$$

其中 $\hat{X}_1$、$\hat{X}_2$ 为式(5-55)的最小二乘解。

令
$$L=\begin{bmatrix} L_1 \\ L_2 \end{bmatrix},\quad A=\begin{bmatrix} A_1 & 0 \\ 0 & A_2 \end{bmatrix} \tag{5-57}$$

$$L=\begin{bmatrix} V_1 \\ V_2 \end{bmatrix},\quad X=\begin{bmatrix} X_1 \\ X_2 \end{bmatrix} \tag{5-58}$$

$$P=\begin{bmatrix} P_1 & 0 \\ 0 & P_2 \end{bmatrix},\quad B=(B_1\ B_2) \tag{5-59}$$

则式(5-55)、式(5-56)可转化为：

$$L+V=AX\ ,P \tag{5-60}$$

$$H_0:E(B\hat{X})=W \tag{5-61}$$

显然，它们与上一节的线性假设检验的模型式(5-40)、式(5-41)是一致的，因此可直接利用上一节的方法和有关公式。

以下讨论在变形网几何分析中常用的一些特例。

一、整体一致性检验

所谓整体一致性检验，就是检验两期观测之间变形网点作为一个整体是否发生了形变。其变形模型为：

$$E(\hat{X}_2 - \hat{X}_1) = 0$$

式中　X_1、X_2——第一、二期平差的未知数向量。

与式(5-48)、式(5-51)比较,则有:

$$B = (-I, I), \quad W = 0$$

$I = t \times t$ 阶单位阵。

利用上一节的公式,可得:

$$\left.\begin{aligned}
R &= \hat{V}^{\mathrm{T}} P \hat{V} = \hat{V}_1^{\mathrm{T}} P_1 \hat{V}_1 + \hat{V}_2^{\mathrm{T}} P_2 \hat{V}_2 \\
B\hat{X} - W &= (-I, I)\begin{bmatrix} \hat{X}_1 \\ \hat{X}_2 \end{bmatrix} = \Delta \hat{X} \\
M_B &= (-I, I)\begin{bmatrix} Q_{\hat{X}1} & 0 \\ 0 & Q_{\hat{X}2} \end{bmatrix}\begin{pmatrix} -I \\ I \end{pmatrix} = Q_{\Delta\hat{X}} \\
M_B &= Q_{\Delta\hat{X}} = P_{\Delta\hat{X}} \\
\Delta R &= \Delta\hat{X}^{\mathrm{T}} P_{\Delta\hat{X}} \Delta\hat{X} \\
T &= \frac{\dfrac{\Delta R}{k}}{\dfrac{R}{n-t}} = \frac{\dfrac{\Delta\hat{X}^{\mathrm{T}} P_{\Delta\hat{X}} \Delta\hat{X}}{u}}{\dfrac{\hat{V}_1^{\mathrm{T}} P_1 \hat{V}_1 + \hat{V}_2^{\mathrm{T}} P_2 \hat{V}_2}{r_1 + r_2}}
\end{aligned}\right\} \tag{5-62}$$

式中　r_i——每期观测的多余观测个数($i = 1, 2, \cdots$);

　　u——网内独立坐标差的个数,一般为系数阵 A 的秩。

由式(5-61)可见:只要对第一、二期变形网在相同的参考系下以相同的近似坐标独立地进行平差,即可进行整体一致性检验,其中 $P_{\Delta\hat{X}}$ 计算理论上可用任意的逆,实用时可用逆。

二、部分一致性检验

部分一致性检验就是要检验变形网内部分变形网点的稳定性,其变形模型为:

$$E(\hat{X}_{2,F} - \hat{X}_{1,F}) = 0$$

式中　脚标 F——与待检验的点相应的部分未知数。

同样与一般形式进行比较,可得:

$$B = (0, -I, 0, I)$$

$$W = 0$$

式中　B——阵中的 0 块对应于未被检验的部分。

$$\left.\begin{aligned}
B\hat{X} - W &= \Delta X_F \\
M_{\bar{B}} &= Q_{\overline{\Delta\hat{X}_F}} = P_{\Delta\hat{X}_F} - P_{\Delta\hat{X}_{F,M}} P_{\Delta\hat{X}_M} P_{\Delta\bar{X}_{M,F}} = \bar{P}_{\Delta\hat{X}_F} \\
T &= \frac{\Delta\hat{X}_F^{\mathrm{T}} \bar{P}_{\Delta\hat{X}_F} \Delta X_F}{t_F \hat{\sigma}_0^2}
\end{aligned}\right\} \tag{5-63}$$

式中　脚标 M——对应于未检验的部分未知数；

t_F——被检验的未知数中独立未知数的个数；

$\hat{\sigma}_0^2$——单位权方差的验后估计(两期平差的综合估计)。

由式(5-63)可知,只要对两期网在相同的参考系下采用相同的近似坐标进行平差,再计算出被检定未知数的部分权,即可进行部分一致性检验。式(5-63)与有名的平均间隙法公式是一致的。

关于 $\overline{P}_{\Delta\hat{X}_F}$ 的计算,可依据下式:

$$Q_{\Delta\hat{X}}^{-} = \begin{bmatrix} Q_{\Delta\hat{X}_M} & Q_{\Delta\hat{X}_{M,F}} \\ Q_{\Delta\hat{X}_{M,F}} & Q_{\Delta\hat{X}_F} \end{bmatrix}^{-} = \begin{bmatrix} P_{\Delta\hat{X}_M} & P_{\Delta\hat{X}_{M,F}} \\ P_{\Delta\hat{X}_{M,F}} & P_{\Delta\hat{X}_F} \end{bmatrix}$$

上式中的广义逆,以及计算 $\overline{P}_{\Delta\hat{X}_F}$ 时用到的 $P_{\Delta\hat{X}_M}$ 均可取伪逆或其他方式的逆,事实上 $P_{\Delta\hat{X}_M}$ 阶数一般小于系数阵 A 的秩,此 $P_{\Delta\hat{X}_M}$ 是可逆的,也即此时的广义逆已退化为凯利逆。

利用线性假设检验的理论和公式还可导出变形网稳定性分析中常用的 t 检验法、单点检验法、p 检验法及置信椭圆的公式和概念。限于篇幅,不再一一列出,读者可作为一种练习自行推导。

利用线性假设检验的理论,除可以用于变形模型的检验外,还可用于变形模型的鉴别与筛选,基本原理如下。

设有待签定和筛选的变形模型分别为:

$$\left.\begin{aligned} \Delta X &= B_1 C_1 \\ \Delta X &= B_1 C_1 + B_2 C_2 \end{aligned}\right\} \tag{5-64}$$

式中　C_1 和 C_2——变形模型的参数。

将原平差模型改写为如下形式:

$$\begin{bmatrix} L_1 \\ L_2 \end{bmatrix} + \begin{bmatrix} V_1 \\ V_2 \end{bmatrix} = \begin{bmatrix} 0 & A_1 & 0 \\ A_2 B_2 & A_2 & A_2 B_2 \end{bmatrix} \begin{bmatrix} X_1 \\ C_1 \\ C_2 \end{bmatrix}$$

在此平差模型下检验

$$H_0 : E(\hat{C}_2) = 0$$

即可鉴别和筛选上述两个模型。当拒绝 H_0 时,可取第二个模型。

三、变形网几何分析的过程

变形网的几何分析是平差与统计检验的一个综合过程,该过程可用图 5-8 描述。

在上述过程中,有几个地方不够具体,现做如下说明。

(1)粗差检验和剔除粗差是指利用粗差探测技术判断两期观测中是否存在含有粗差的观测值,若存在,则剔除该观测值。关于粗差探测技术,将在第六章作简单介绍,读者也可查阅有关的文献,如李德仁教授所著的《测量平差系统的误差处理和可靠性理论》。在实际工作中,此项工作尚未普遍推广,特别对于要求不高的变形分析。

(2)模型正确性检验是指对平差模型中函数模型和随机模型的正确性所作的检验。函数模型正确性检验可用平差系统的可靠性理论来解决。随机模型的正确性检验可用随机模

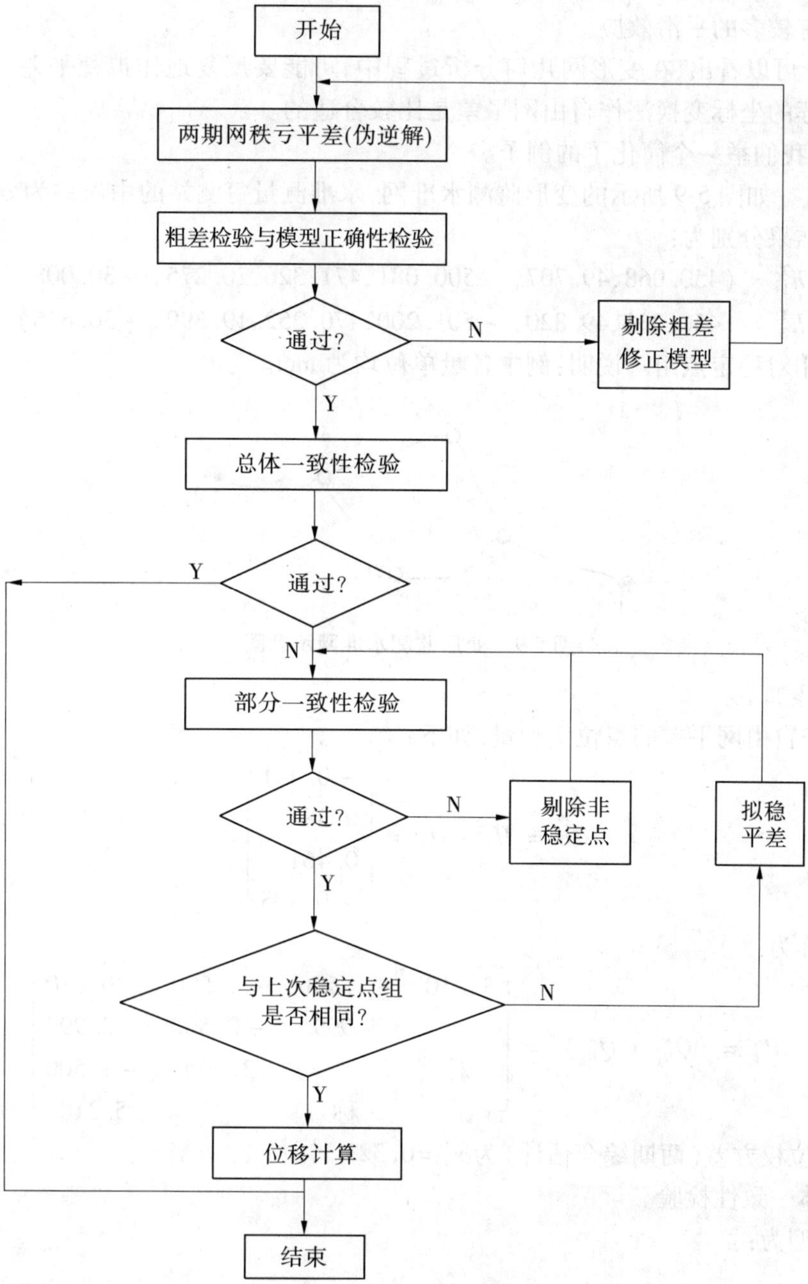

图 5-8　变形网几何分析过程

型验后估计理论来解决。当函数模型不正确时,可用增加"校正参数"或剔除含粗差的观测值的办法予以修改。当随机模型不正确时,则应用验后估计结果重新定权的方法来予以修改。在实际工作中,此项工作也未普遍推广。

(3)部分一致性检验一方面是为了找到不确定点,另一方面也是为拟稳平差寻找合适的拟稳基准。当该检验未通过时,先剔除 $\Delta\hat{X}^{T}P_{\Delta\hat{X}}\Delta\bar{X}$最大的点,然后对剩下的点进行检验。

(4)在实际工作中,也有不反复作拟稳平差的情况,这当然可以减少计算的工作量,但其中可能含有较多的平滑效应。

由图 5-8 可以看出,在变形网几何分析过程中,可能要反复地作拟稳平差,因此采用本章第三节推荐的坐标变换法作自由网平差是比较合适的。

最后,让我们举一个简化了的例子。

【例 5-3】 如图 5-9 所示的变形监测水准网,水准测量每测站的中误差为 $\sigma_0 = \pm 0.13$,两期观测的结果分别为:

$$h_1^{\mathrm{T}} = (450.068, 49.707, -500.081, 471.326, 20.275, -30.008)$$

$$h_2^{\mathrm{T}} = (450.731, 49.820, -501.200, 470.252, 19.399, -30.645)$$

试确定相对稳定点组。说明:例中各量单位均为 mm。

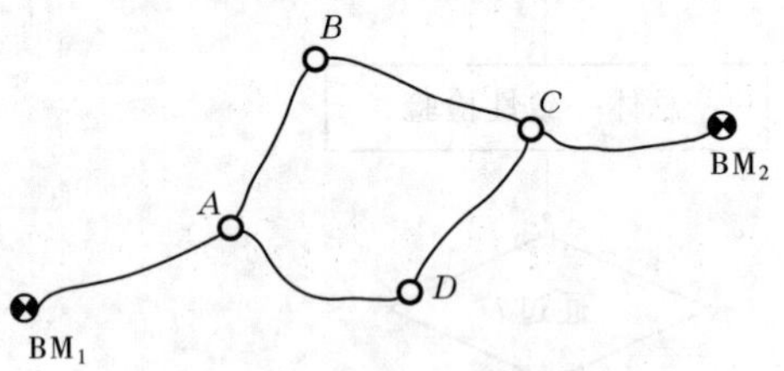

图 5-9 变形监测水准网示意图

解算步骤如下:

(1)先作自由网平差的点位变动量,如下:

$$\hat{d} = \hat{H}_2 - \hat{H}_1 = \begin{bmatrix} -0.441 \\ 0.384 \\ 0.461 \\ -0.405 \end{bmatrix}$$

d 的权阵为:

$$P_{\hat{d}} = (Q_{\hat{H}_1} + Q_{\hat{H}_2})^{+} = \begin{bmatrix} 3.810 & -1.500 & -1.500 & -0.810 \\ & 4.999 & -0.500 & -2.999 \\ \text{对} & & 3.500 & -1.500 \\ & \text{称} & & 5.310 \end{bmatrix}$$

验后单位权方差(两期综合估计)为$\hat{\sigma}_0^2 = 0.3233^2$。

(2)整体一致性检验。

检验模型为:

$$H_0: \hat{H}_2^{-} - \hat{H}_1^{-} = 0$$

利用式(5-61),得

$$T = \frac{\dfrac{\hat{d}^{\mathrm{T}} P_{\hat{d}} \hat{d}}{3}}{\hat{\sigma}_0^2} = 16.6936$$

选取 $\alpha = 0.01$,根据自由度(3,6)查 F 分布表得 $F_{0.01}(3, 6) = 9.8$,故有 $T > F_{0.01}(3,6)$ 故拒绝零假设,认为两期观测周期间点位发生了位移。

(3)分别一致性检验。

分别将1点、2点、3点看成动点，利用式(5-63)分别计算$\hat{d}^{T}\overline{P}_{\hat{d}}\hat{d}$，得如下结果：

$$\hat{d}^{T}\overline{P}_{\hat{d}}\hat{d}=\begin{cases}1.7988, i=1\\2.5421, i=2\\2.0676, i=3\\2.6917, i=4\end{cases}$$

故怀疑2点有变动，剔除2点后，作部分一致性检验，依式(5-63)算得：

$$T=\frac{\frac{2.6936}{3}}{0.3233^{2}}=8.59$$

仍选取$\alpha=0.01$，根据自由度(3,6)查F分布表得$F_{0.01}(3,6)=9.8$，故有

$$T<F_{0.01}(3,6)$$

故可取1、3、4点作为相对稳定点组，2点作为位移的点，位移值为$\hat{d}_2=0.384$。

第九节　变形值的预测和控制

变形观测的一个重要目的就是保证建筑物的安全。为了达到这一目的，预测和控制是必要的手段，预测和控制都是建立在统计学基础之上的，以下分别予以介绍。

一、预测

所谓预测，就是根据已有的观测资料来预计未来某种情况下（这种情况是用因素来描述）变形体的状态和变形量的大小。由于变形量与因素之间的关系只是相关关系，所以预测一般是根据回归方程来进行的，预测的结果一般为统计意义下置信区间。

设回归方程为：

$$\hat{y}=\hat{a}+\hat{b}x$$

给定因素（自变量X）的一个值x_0，即可预报出变形量$\hat{y}$。

$$\hat{y}_0=\hat{a}+\hat{b}x_0 \tag{5-65}$$

称为在x_0处的预报值。

由于误差的存在及关系的非确定性，故应讨论$\hat{y}_0$的置信区间。

在观测值y_i服从正态分布的假设下，平差结果$\hat{a}$、$\hat{b}$也均为正态变量：

$$\hat{a}\sim N(a,\sigma_0^2Q_{11})$$

$$\hat{b}\sim(b,\sigma_0^2Q_{22})$$

于是预报值$\hat{y}$也是正态变化，且

$$E(\hat{y}_0)=a+bx_0 \tag{5-66}$$

$$\begin{aligned}D(\hat{y}_0)&=D_{\hat{a}}+x_0^2D_{\hat{b}}+2x_0D_{\hat{a}\hat{b}}\\&=\sigma_0^2(Q_{11}+x_0Q_{22}+2x_0Q_{12})\end{aligned} \tag{5-67}$$

其中Q_{11}、Q_{12}、Q_{22}可用式(5-7)计算。

将式(5-7)结果代入式(5-66)，即可得到：

$$D_{(\hat{y}_0)} = \sigma_0^2\left[\frac{1}{n} + \frac{X_0 - \bar{x}}{\sum (x_i - \bar{x})^2}\right] \tag{5-68}$$

注意到预报对象 Y 本身也是正态随机量，它在 x_0 处的真值为：

$$y_0 = a + bx_0 + \varepsilon$$

数学期望和方差分别为：

$$E(y_0) = a + bx_0 \tag{5-69}$$

$$D(y_0) = \sigma_0^2 \tag{5-70}$$

且 y 与 $\hat{y}$ 相互独立，于是令

$$Z = y_0 + \hat{y}_0$$

即可推得

$$E(Z) = 0 \tag{5-71}$$

$$D^2(Z) = \sigma_0^2\left[1 + \frac{1}{n} + \frac{(x_0 - \bar{x})^2}{\sum (x_i - \bar{x})^2}\right] \tag{5-72}$$

由正态分布的中心化定理可知：

$$W = \frac{Z - E(Z)}{D(Z)} = \frac{Z}{D(Z)} \sim N(0, 1) \tag{5-73}$$

同时

$$\hat{S} = \frac{\hat{V}^{\mathrm{T}}\hat{V}}{n - 2} \tag{5-74}$$

作为 σ_0^2 的一个验后估计，应该有：

$$q = \frac{\hat{V}^{\mathrm{T}}\hat{V}}{\sigma_0^2} = \frac{(n-2)\hat{S}^2}{\sigma_0^2} \sim \chi^2(n-2) \tag{5-75}$$

且 q 与 w 相互独立。于是顾及式(5-73)和式(5-50)及 t 分布的定义，则有：

$$t = \frac{W}{\sqrt{\frac{q}{n-2}}} = \frac{\frac{Z}{D(Z)}}{\sqrt{\frac{\hat{S}^2}{\sigma_0^2}}}$$

$$= \frac{y_0 - \hat{y}_0}{\hat{S}\sqrt{1 + \frac{1}{n} + \frac{(x_0 - x)^2}{\sum (x_i - \bar{x})^2}}} \sim t(n-2) \tag{5-76}$$

由此可得 y_0 在置信度为 $1-\alpha$ 下的置信区间为：

$$[\hat{y}_0 - t_{\frac{\alpha}{2}}(n-2)\hat{S}\sqrt{u}, \hat{y}_0 + t_{\frac{\alpha}{2}}(n-2)\hat{S}\sqrt{u}] \tag{5-77}$$

$$u = 1 + \frac{1}{n} + \frac{(x_0 - \bar{x})^2}{\sum (x_i - \bar{x})^2} \tag{5-78}$$

由式(5-75)定义的区间被称为 y 在 x_0 处的预测区间。其中 $\hat{S}$ 根据式(5-72)计算。

由式(5-75)和式(5-76)可以看出，在相同的置信水平下，当 $x_0 = \bar{x}$ 时预测区间最短。也

就是说，在参与回归的所有 x_i 值处在平均值处附近时，具有最高的预测精度。

当 n 相当大时，$u \to 1, t \to N(0, 1)$，因此可近似地与下面的区间来作为预测区间：

当 $1-\alpha=95\%$ 时，为 $[\hat{y}_0-2\hat{S}, \hat{y}_0+2\hat{S}]$；

当 $1-\alpha=99.7\%$ 时，为 $[\hat{y}_0-3\hat{S}, \hat{y}_0+3\hat{S}]$。

图 5-6 中的两条实线即是根据 $[\hat{y}_0-2\hat{S}, \hat{y}_0+2\hat{S}]$ 绘出的。

二、控制

控制是预测的反问题。它要解决的问题是：当允许 y 在一定范围内波动时，如何确定 $[y_1, y_2]$ 的允许变化范围。例如，当要求最大水平位移不超过 20 mm 时，库水位应控制在哪个临界值以下。

严格的解算控制问题是相当复杂的，近似的控制区间可由回归方程解出。

设 y 的允许区间为 $[y_1, y_2]$，取 $\alpha=5\%$，则可由

$$\left.\begin{aligned} y_1 &= \hat{a}+\hat{b}x-2\hat{S} \\ y_2 &= \hat{a}+\hat{b}x+2\hat{S} \end{aligned}\right\} \tag{5-79}$$

解出 x_1 和 x_2，得到相应的控制区间 $[y_1, y_2]$。

【例 5-4】 设对于例 5-2 的水坝，要求最大坝基沉陷不超过 10 mm，试确定该水库的最高控制水位。

解：由例 5-2 的式(5-37)得回归方程为：

$$\hat{y} = 12.25 - 0.13x$$

及

$$\hat{S} = \pm 0.183 \text{ mm}$$

于是解方程：

$$-10 = 12.25 - 0.13x - 2 \times 0.183$$

得

$$x = 158.5(\text{m})$$

即当置信度为 95% 时，最高水位应控制在 158.5 m 以下。

关于多元回归的预测与控制问题，严格讨论是很复杂的。不过当 n 很大时，预测问题的近似预测区间可直接采用上面的结果，控制问题则要解类似于式(5-79)的方程，由于存在一个因素，所以这个方程的解是不定的，应根据情况来具体讨论确定解的问题。

第十节　确定性模型与混合模型

变形量与引起变形的因子之间的关系，既可以用回归分析法处理，也可以通过变形体或建筑物结构进行分析。根据各种荷载的组合情况、建筑物材料的物理力学特性以及边界条件的因素，计算出应力与变形之间的关系，从而建立变形体的确定性模型进行变形分析。这种处理变形分析的方法能比较深刻地揭示建筑物结构的工作状态，对进一步理解和分析变形产生的原因有很大的帮助。

一、载荷—变形关系的力学分析

材料力学理论告诉我们，如果对材料施加应力，则会使材料产生变形。在二维平面坐标

里，只要知道应变向量 $\varepsilon(x,y)=W(\varepsilon_x,\varepsilon_y,v_{xy})$ 中的三个应变分量 ε_x、ε_y 和 v_{xy}，就可以确定点的变化。如果在知道 $\varepsilon(x,y)$ 的同时，还知道作用于该点的应力向量 $\sigma(x,y)=f(\sigma_x,\sigma_y,\sigma_{xy})$，即两个正应力 σ_x、σ_y 和一个剪应力 τ_{xy}，那么在二维分析中，该点应力—应变场就可以完全定了。

在应力—应变的静力分析中，如果考虑为弹性变形，则由虎克定律可以得到

$$\sigma = E\frac{\Delta l}{l} = E\varepsilon \tag{5-80}$$

式中　E——材料的弹性模量。

在二维应变中，如果材料的长度发生变化为 ε_y，其宽度同时发生变化为 ε_x，则这两个变化量的比值 $\mu=\frac{\varepsilon_x}{\varepsilon_y}$ 称为泊松比。在线性假设条件下，二维分析中应力—应变的关系表达式导出如下结果：

$$\left.\begin{aligned}
\sigma_x &= E\frac{\varepsilon_x+\mu\varepsilon_y}{1-\mu^2}\\
\sigma_y &= E\frac{\varepsilon_y+\mu\varepsilon_x}{1-\mu^2}\\
\tau_{xy} &= E\frac{v_{xy}}{2(1-\mu)}
\end{aligned}\right\} \tag{5-81}$$

若以矩阵的形式表示，则为：

$$[\sigma] = [D][\varepsilon] \tag{5-82}$$

式中　$[D]$——弹性矩阵，它包含 E、μ 等元素，它是由材料的特性所决定的。

如果此点的应力—应变场确定了，且此点位移场函数形式已知，$d(x,y)=U(x,y)-V(x,y)$，则可计算出该点的预期位移值，即

$$\varepsilon_x = \frac{\partial U}{\partial x},\quad \varepsilon_y = \frac{\partial V}{\partial y},\quad v_{xy} = \frac{\partial V}{\partial x} + \frac{\partial U}{\partial y}$$

其矩阵形式即为：

$$[\varepsilon] = [B][\delta] \tag{5-83}$$

上式中 U 和 V 为 x、y 方向上位移的分量，$[\delta]=[u,v]^{\mathrm{T}}$。由式(5-80)和式(5-81)可以得应力和势位移之间的关系：

$$[\sigma] = [D][B][\delta] \tag{5-84}$$

对于一个较大体积的建筑物，要计算这种应力和位移结果是十分困难的，目前解决此问题的方法是利用有限元法在计算机上进行解算，从而求得与理论法十分接近的结果。

二、确定性模型建立的原理

利用有限元法进行建筑物变形和外界作用因素间的定量分析工作，要做到准确通常也是一件不容易的事情，甚至有时会与实际情况有很大的出入。造成这种现象的原因主要是在有限元计算中，建筑物材料的特性，如 E、a、μ 等参数不易确切地知道，尤其是对于体积大的建筑物更是如此。所以，在有限元计算中，只能根据一些现有的资料，凭借计算人员的经验来规定材料特性参数的近似值，从而使计算出的位移与实测值产生差异。同时，有些因素的作用，有限元计算也不能完全反映，例如混凝土时效变形的影响很难用有限元计算出来。

面对这些情况的资料分析，工作者提出了采用确定性模型的解决方法。

以坝体的变形模型为例，根据结构分析和变形因素的分析结果，可确定水平位移的数学模型为：

$$y = y_H + y_T + y_\theta \tag{5-85}$$

式中 y_H——水位分量的作用，$y_H = \sum_{i=0}^{4} a_i H_i$；

y_T——温度分量的影响，$y_T = \sum_{j=0}^{k} b_j T_j$；

y_θ——时效作用分量，$y_\theta = c_1\theta + c_2\ln\theta$。

如果直接用式(5-85)进行回归分析，那么由于各因子间的相关性，会使它们失去原有的含义。但是，如果用有限元法分别计算各种水位和各种温度作用下对应的变形值，那么就可求出水位分量和温度分量各自的表达式，然后建立确定的模型。

例如，对坝体水位分量确切表达式的建立可按下述方法进行：首先将坝体按一定要求划分成许多个有限元，并选定坐标系，求出各单元结点的坐标。根据现有的资料和经验选取恰当的材料特性参数，如 E、a、μ、容重等，并确定有限元计算中的边界条件，然后选取一定数量的特征水位值进行有限元计算，每一个水位值都可求得对应的坝顶水平位移。由结构和应力分析的结果可知，水位分量的表达式如式(5-85)所示，以所计算的水位值和有限元计算出的对应坝顶位移值作为已知值，按水位分量表达式进行曲线拟合计算，求出方程中的各待定系数 a_0、a_1、a_2、a_3 和 a_4，那么水位分量对坝顶位移作用的数学模型就可完全确定出来。

用同样的方法进行坝体测点处由温度变化而引起的坝顶位移有限元计算，按温度分量表达式进行曲线拟合，确定各温度因子的系数 $b_1, b_2, b_3, \cdots, b_k$，从而求得温度分量对坝体位移的确切表达式。如果温度计布置较多，那么温度分量的有限元计算工作量非常巨大。

前面已经提到，由于种种原因，坝体材料的物理特性参数 E、a、μ 等都不可能确切地预知，而有限元计算中所采用的 E_0、a_0 等是实际的 E、a 的近似值，所以利用有限元计算值进行拟合后所得的水位、温度分量表达式也是近似的，从而使得以这些公式计算水位分量和温度分量产生的位移与实际值产生不符，可以证明，它们之间的关系仅是相差一个比例系数。为了对有限元计算而拟合得出的各分量表达式进行修正，必须再一次拟合计算，采用的模型如下：

$$y = A\sum_{i=0}^{4} a_i \cdot H_i + B\sum_{j=0}^{k} b_j \cdot T_j + c_1\theta + c_2\ln\theta \tag{5-86}$$

以选择的大量观测数据进行以上方程的拟合计算，就可求得 a、b、c_1、c_2 参数，使坝体水平位移的整个模型完全确定，并符合实际观测结果。

由于水位分量和温度分量表达式是根据结构力学的分析以有限元计算而得出的，所以用这种方法建立的变形模型，能基本反映建筑物的变形与作用因素间的内在关系。此外，可以证明，用这种方法解算出的水位分量和温度分量对坝体位移的作用是近于独立的。因此，确定性模型式(5-86)可以把各种因素的影响分离，使分析人员有可能正确评价各种因素独自对建筑物变形作用的大小，从而判断出变形的主要因素及安全运行中必须控制的有关条件。

此外，有限元计算还可以有目的地选择很多特殊条件下的结果，把这些特殊值包含在拟合的方程中，使确定性模型有较强的预报能力，且预报值的精度更高。

三、混合模型

在变形分析中，统计模型（回归模型）和确定性模型各有不足之处。特别是在后者的温度分量表达式的确定中，计算工作量非常大。为了克服这种不利因素，研究者提出了混合模型的处理方法。

若以坝体水平变形为例，混合模型建立的思路是：首先用有限元法计算多种水位情况下坝体的位移值，按式（5-85）中的水平分量表达式进行拟合，并算出 $a_0, a_1, \cdots, a_4$ 参数值，使水位分量表达式确定下来。由于温度分量计算工作量巨大，所以温度的影响不用有限元法计算，而是根据观测资料直接进行逐步回归计算，逐步回归数学模型的形式为：

$$y = A\left[\sum_{i=0}^{4} a_i H_i\right] + B\sum_{j=0}^{k} b_j T_j + c_1\theta + c_2\ln\theta \tag{5-87}$$

在逐步回归计算中，水位分量表达式 $[\sum_{i=0}^{4} a_i H_i]$ 已由拟合方法确定，所以它是看做一个因子参与逐步回归的，对它可不作显著性检验。而温度和时效因子在初选模型中是不确定的，因此必须进行显著性检验。

这种混合模型由于水位分量由有限元独立计算，所以它不仅能较好地分离水位、温度分量对坝体水平位移各自作用的大小，而且可以选择尚未经历过的各种水位对坝体位移的影响，从而使最终的回归方程有较强的预报功能，同时计算工作量也将大大减少。

四、三种变形分析模型的比较

统计模型（回归分析）、确定性模型和混合模型三种变形模型各有特点，为进一步比较它们的优缺点，现取某双曲拱坝第五坝段径向位移的观测资料，分别以三种不同模型进行计算，并建立最终的回归方程。其计算结果如下。

（1）统计模型分析结果。

$$y_1 = 3.28 + 0.192\,1H + 0.537\,2T_2 - 0.184\,7T_3 + 0.368\,8T_4 + 0.189\,0T_7 - 0.411\,5T_8 - 0.526\,6T_9 - 0.266\,2T_{11} - 0.190\,2T_{14} - 0.152\,7\theta$$

复相关系数 $R=0.97$，中误差 $m=\pm 0.81$ mm。

（2）确定性模型分析结果。

$$y_2 = 3.43 + 0.437\,06y_H + 0.429\,3T_2 - 0.207\,1T_3 + 0.276\,3T_4 - 0.829\,6T_9 + 0.363\,7T_{10} - 0.124\,03T_{11} - 0.267\,25T_{14} - 0.296\,91\theta + 2.061\,08\ln\theta$$

复相关系数 $R=0.99$，中误差 $m=\pm 0.75$ mm。

式中，$y_H = -0.389 - 0.049\,5H + 0.002\,84H^2 + 0.001\,120H^3 + 0.000\,051H^4$，$y_H$ 系取 15 个水位值有限元计算出相应的坝体位移，再拟合计算而得。

（3）混合模型分析的结果。

$$y_3 = 17.91 + 0.727\,9y_H + 0.226\,0T_5 + 0.266\,6T_8 - 0.560\,7T_9 - 0.267\,1T_{11} - 0.450\,8T_{15} - 0.441\,55\theta + 3.303\,38\ln\theta$$

复相关系数 $R=0.99$，中误差 $m=\pm 0.76$ mm。

通过以上三种分析结果的比较可知，统计模型从整体来看仍是一种较好的分析模型。它的优点是对资料处理简便、通用、不需要非常复杂的计算，回归效果显著且精度也高。对于工作性态稳定的建筑物，在具有长期观测资料的基础上建立的回归方程，仍有较长期的预报效果。但是，统计模型中各类作用分量有着较显著的相关性，这主要是由于各观测量之间的相关性和模型的本质特性所决定的，因此利用它估计各种作用分量对建筑物位移的作用大小时存在不太确切的缺点。

混合模型的回归效果十分显著且精度高，最终确定的方程中，各类作用分量的独立性有明显提高，为正确评价它们独自对位移所起的贡献和作用大小创造了备件，但计算工作量要比统计模型大得多。此外，由于建筑体内部的温度场分布极为复杂，若以有限元准确计算它们对位移的量值是很不容易的，且工作量相当巨大，而混合模型却避免了这一问题，使它有较好的实用价值。

确定性模型建立的关键是建筑体内部温度场和温度作用分量的确切表达，否则将直接影响此模型的效果。与前两种模型相比，计算工作量大，涉及面广，复相关系数和回归精度高。良好的确定性模型对全面考虑建筑体的结构性态和分析基础的工作状况、总结建筑体的活动规律以及其他多种重要的研究工作，具有其他模型不可比拟的优势。

思考题

1. 为什么要做变形分析？
2. 变形分析方法有几种？它们之间的相互关系是什么？
3. 线性回归分析和非线性回归分析是基于什么条件进行的？
4. 假设检验的目的是什么？

第六章 几类典型工程变形监测及数据采集自动化

第一节 概 述

随着现代测量技术的不断更新变化，特别是测量机器人和 GPS 的出现，变形数据采集技术进入了新的发展阶段。目前，国内外变形监测的技术已经从人工皮尺简易工具的监测手段过渡到了仪器监测，又正向着自动化、高精度及远程监测系统方向发展。

一、监测的一般方法

变形监测的一般方法采用平面控制网和高程控制网组网方式，使用全站仪、水准仪进行定期数据观测，根据网形对每期观测数据进行严密平差并计算观测点的坐标和高程。然后根据不同时期的坐标变化求取观测点各变形量。最后对变形量进行变形分析与预报。

变形监测的一般观测方法、数据分析方法请参阅本书其他章节，在此不再重复。

二、监测的现代方法

（一）GPS 监测法

采用 GPS 同时测定测点的三维坐标，对于运动的观测点，还能精确测出其运动的速度。

与传统的测量技术相比，GPS 监测法具有全球范围、全天候、全时域、连续快速、高精度、能同时测定点的三维位移以及易于实现全系统的自动化等优点，而且在测程上大于 10 km 时，其相对精度可以达到 $1\times10^{-6}\sim5\times10^{-6}$，甚至可以达到 0.1×10^{-6}，优于精密光电测距仪。国际上已普遍采用 GPS 测量技术监测地壳变形和断裂运动，如法国阿尔卑斯山脉的 Sechilienne 滑坡为冰川堆积体，1985 年曾发生 3 000 万 m^3 的滑坡，1998 年应用 GPS 和全自动机器人实现了实时在线安全监测。

（二）测量机器人或测地机器人

测量机器人或测地机器人是一种能代替人进行自动搜索、跟踪、辨识和精确照准目标并获取角度、距离、三维坐标以及影像等信息的智能型电子全站仪。它是在全站仪的基础上，集成步进马达、CCD 影像传感器构成的视频成像系统，并配置智能化的控制及应用软件发展而形成的。测量机器人通过 CCD 影像传感器和其他传感器对现实测量世界中的“目标”进行识别，迅速做出分析、判断与推理，实现自我控制，并自动完成照准、读数等操作，以完全代替人的手工操作。

通过全站仪提供的开发接口将测量机器人与计算机连接起来，利用计算机软件实现测量过程、数据记录、数据处理和报表输出的自动化，实现真正意义上的监测自动化和一体化。目前，国内外已开发出不少基于测量机器人的监测系统，并应用于大坝、桥梁、地铁隧道、滑坡、深基坑等构筑物的变形测量中。

(三)近景摄影测量法

近景摄影测量法是把近景摄影仪安置在两个不同位置的固定测点上,同时对边坡范围内观测点摄影构成立体像对,利用立体坐标仪量测像片上各观测点三维坐标的一种方法。对边坡进行周期性重复摄影,并且所获得的像片资料是边坡地表变化的实况纪录,可随时进行比较。该方法外业省时、省力、信息量大。目前,该方法的精度可以满足崩滑体处于速变、剧变阶段的监测要求,即适合危岩临空陡壁裂缝或滑体地表位移量变化速率较大时的监测。

(四)合成孔径雷达干涉测量技术

合成孔径雷达干涉测量技术(InSAR)是近年来迅速发展起来的一项新的空间对地观测技术,它是利用合成孔径雷达的相位信息提取地表的三维信息和高程变化信息。InSAR技术可以获取全球高精度的(理论上可以达到毫米量级)、高可靠性的(全天时、全天候)、空前丰富的地表变化信息。利用不同时期的地表信息对比来发现滑坡体的变化情况。

第二节　GPS在变形监测中的应用

一、全球定位系统(GPS)简介

(一)GPS的组成

全球定位系统(Global Positioning System)简称GPS。GPS是美国军方于20世纪90年代初建成的全球定位导航系统。目前,GPS已经广泛应用于民用等多种方面。尤其是采用特制的接收机,利用GPS进行测量,能得到厘米级的精度。因此,该系统将作为高新测量技术以及各种科学观测手段投入应用。

GPS是接收人造卫星电波、准确求定接收机自身位置的系统,能提供连续和实时的位置、速度和时间信息。它由下列三部分组成:

(1)空间部分:由24颗有源卫星组成。这些卫星均匀分布在6个倾角为55°的近似圆形轨道上,每个轨道有4颗卫星,轨道距地面高度约20 200 km,卫星绕地球一周需要12 h。

(2)控制部分:包括一个主控站和一定数量的监测站以及分布在全球的跟踪站。它们控制整个卫星系统和时间,负责卫星轨道监测和预报。

(3)用户部分:包括各种型号的接收机。

(二)GPS测量的技术特色

利用GPS进行测量与用常规技术进行测量有许多不同的地方,综合起来可以归纳成以下几点:

(1)进行GPS测量时,各点之间无通视要求,这就为点址的选择提供了极大的方便,同时免去了常规测量方法中的造标砍树等费用。在工程控制网中可以省略对工程无用的过渡点。

(2)GPS测量采用相对定位方法,即若干台接收机进行同步观测确定各点之间的相对位置。

(3)GPS测量是全天候的,不管是白天黑夜还是刮风下雨等气候条件均能正常工作。

(4)GPS观测时间短,数据处理速度快,成果精度高。通常情况下,用载波相位观测量做相对定位,同步观测1~2 h便可得到$(1\sim2)\times10^{-6}$(长距离)或几厘米(短距离)的测量精度。

(5)在统一坐标系统中提供三维信息,GPS定位是在国际统一坐标中计算的,因此不同地点的测量成果相互联系,这对于工程测量或城市测量来说,可以免去全国统一坐标系联测的工作。

二、应用GPS技术进行变形监测

GPS技术在变形测量如水利枢纽工程、矿区、城市地面沉降观测、露天矿边坡变形测量等应用中取得了很多成果。实践证明,GPS技术应用于变形测量是切实可行的好方法。

GPS监测范围大,它提供关于点位的精确信息和基于全球坐标系统的点位变化,因而不受局部变形的影响。GPS可以在任何天气条件下全天候工作,定位速度快,GPS-RTK最快可达1~20 Hz速率输出定位结果,定位精度:平面为10~20 mm,高程为20~30 mm。但测量环境要求开阔,在江河两岸和峡谷地区进行GPS测量时,视场往往较为狭窄,大量卫星信号被山坡遮挡,而且多路径效应产生的误差较为严重,使GPS定位精度较正常情况差。当监测点相对于基准点的水平精度和垂直精度优于1.5 mm时,需应用广播星历1~2 h GPS观测资料解算得到;当达到亚毫米时,需6 h GPS观测资料解算得到。GPS监测系统成本较高,设备复杂,即使应用多天线系统,天线成本也高于棱镜,同时要与每个天线连接通信和供电电缆,且多天线系统的天线数量也有限制,一般不超过10个。

(一)应用范围

GPS技术在变形监测方面主要应用于以下几个领域:

(1)滑坡变形监测。利用GPS技术解决了常规观测中需要多种观测的问题。观测结果能充分反映滑坡的全方位活动性,对监测滑坡变形、掌握滑坡发育的规律切实可行。

(2)大型构筑物变形实时监测。该技术具有受外界影响小、自动化程度高、速度快、精度较高等优点,可以全天候测量被测物体各测点的三维位移变化情况,找出被测物体三维位移的特性规律,为大型建筑物的安全营运、维修养护提供重要的参数和指导作用。

(3)水库大坝外观变形监测。精密定位技术不仅可以满足大坝变形监测工作的精度要求,而且更有助于实现监测工作的自动化。另外,定位技术还用于地面沉陷、海上勘探平台沉陷及高层建筑物等的沉陷观测。

(4)城市、矿区和油田地面沉降和位移变形监测。

(二)GPS变形监测基本方法

目前,利用GPS进行变形测量有以下几种方式。

1. 定期监测法

定期监测法是用几台GPS接收机,定期到监测点上观测,对数据实施后处理变形分析与预报。

2. 实时监测法

实时监测法是在监测点上建立无人执守的GPS观测系统,通过软件控制,实现实时监测和变形分析、预报。

定期监测法费用较省,但劳动强度大,不能实时监测,自动化程度很低。实时监测法能实时监测,自动化程度也很高,但由于每个监测点上都需要安装GPS接收机,使监测系统的建立成本较高。

3. 一机多天线法

在水利水电工程、地质灾害、山体滑坡等大规模工程监测中，如果每个监测点上都安放高精度 GPS 接收机，尤其是当监测点很多时，会导致监测系统的成本十分昂贵。基于这个问题，国内已开发出 GPS 一机多天线控制器，使一台 GPS 接收机能连接多台天线。这样每个监测点上只安装天线，不需安装接收机，从而使整个监测系统的成本大幅度下降。

一机多天线技术依据分时原理是将一个接收机与多个天线连接，按设定的时间片顺序采集 GPS 观测数据。GPS 一机多天线控制器是将无线电通信的微波开关技术与计算机实时控制技术有机地结合，实现一台 GPS 接收机互不干扰地接收到多个 GPS 天线传输来的信号。实现这一思路的关键是开发 GPS 一机多天线控制器，需要解决的技术问题是确保多天线控制器微波开关中各通道的高隔离度和最大限度地减少 GPS 信号衰减。目前，使用这一技术的每副天线所采集的数据计算出的相应天线的位置或位移精度为 5 ~6 mm。

GPS 一机多天线控制器的变形监测系统原理如图 6-1 所示，它包括以下几个主要部分：

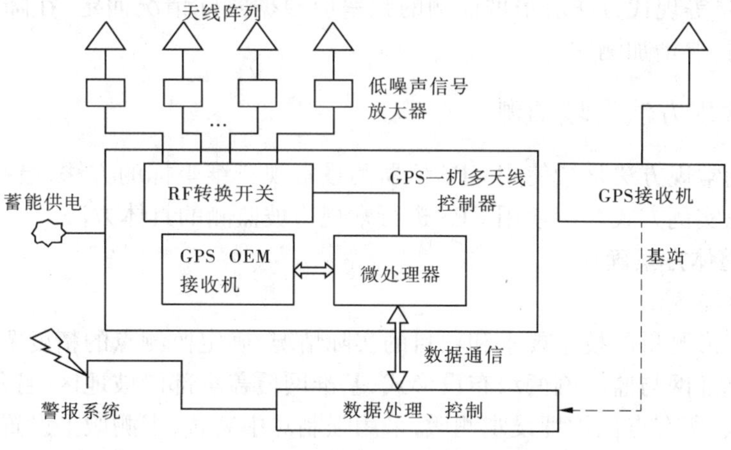

图 6-1　GPS 一机多天线控制器的变形监测系统原理

(1)数据处理中心：包括微机总控、数据处理、数据分析和数据管理四大部分；

(2)数据传输系统；

(3)GPS 多天线控制器；

(4)天线阵列；

(5)基准站；

(6)野外供电系统。

数据处理中心可以在办公室电脑上实现监测数据的自动读取、存储和发送；同时，又能对现场传输来的 GPS 数据进行处理、计算与综合分析，做出预报和预测。

第三节　边坡变形监测

一、边坡变形与监测

地球表面时常会发生一些山体滑坡，例如：2002 年，暴雨在云南山区诱发了多起滑坡或泥石流;2002 年,湖北省恩施咸丰县发生了一起山体滑坡事故,滑坡体长 120 m,宽 8 ~ 10 m,体积约 2.5 万 t,山体在施工人员对其进行削坡减载时突然发生顺层滑移,造成多人伤亡。

边坡通常包括河谷、水库、渠道、公路与铁路、露天矿山等的岸坡或人工筑坡。边坡变形的最终结果表现为坡体下滑,常称为滑坡。通过滑坡监测能发现边坡的变化状况和发展趋势。因此,做好滑坡监测、分析与预报工作,可以帮助决策部门尽早采取减灾防灾的措施和对策,使这类灾害造成的损失减少到最低程度。所以,滑坡监测与预报工作具有十分重要的现实意义和巨大的经济效益与社会效益。

滑坡监测是对可能滑动的边坡或筑坡进行水平位移和垂直位移观测,并依此求得边坡的移动大小、方向、速度、时间等参数,分析其内在和外在变化规律,并进行较准确的预报。

滑坡监测的开展和规模应根据地形、地质和可能的危害程度而定。通常根据具体情况选定观测范围,布设垂直位移和水平位移标点,定期进行观测。垂直位移宜采用精密水准测量;水平位移一般采用传统组网方法进行观测、平差并计算各种位移量,条件许可时也可采用 GPS、摄影测量等现代方法。滑坡监测的频率应根据实际情况而定,在降雨或融冻季节,位移出现异常时,要增加测次。

二、GPS 常规方法滑坡监测

这里所说的常规方法是指使用 GPS 仪器测量常规三维坐标的方法,最终实现滑坡监测与预报。以下以实例方式介绍使用 GPS 进行常规边坡监测的具体方法。

(一)测量整体方案确定

1. 观测精度与方法

根据滑坡变形测量的技术要求和项目的实际情况,确定监测点的精度要求为 3 mm。变形观测网采用基准网与监测网两级布设形式,基准网覆盖全部滑坡地区,且每个滑坡体周围布设 3 个基准点,所有点位均埋设观测墩,采用强制对中装置,观测墩上设置天线指向标志。为减少仪器误差的影响,对于每个点只用同一台仪器进行观测,天线指向与标志对齐,精密测量天线高。

2. 坐标系的选择

由于滑坡监测的目的是监测点位的变化量,而不需要同国家坐标系发生联系,因此各期坐标和变形量的表示均采用 WGS - 84 坐标系,用大地高代替正常高。

(二)GPS 网点布设

1. 基准网的布设

基准网点选择原则:基准网点一般选在距滑坡体 50 ~ 1 000 m 的稳定岩体上,且适合 GPS 观测。每个滑坡体应有 2 个基准点,且最好位于该滑坡体的两侧。邻近滑坡体可共用同一基准点。

本例基准网包含 6 个基准点,设置在滑坡变形区外的基岩上,南北最远点间距 10.5 km,基准网布设如图 6-2 所示。

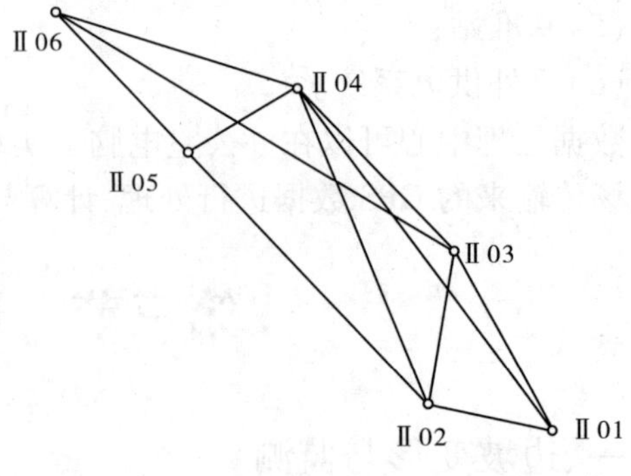

图 6-2 某电站滑坡监测 GPS 基准网

全网由12条独立基线构成，每条基线观测两个时段，每时段长5 h，采样间隔10 s，卫星截止角15°。为提高基线解算精度，位于测区中间的Ⅱ03点连续观测24 h，并与附近连续运行参考站进行联合解算，以求得该点在WGS－84坐标系下高精度的地心坐标。

2. 监测网的设计

监测网点选择原则：监测网点即为每个滑坡体的监测点，因此应根据滑坡体的形态特征、变形特征、动力因素及监测预报等具体要素（变形方位、变形量、变形速度、时空动态、施工动态及发展趋势等）确定点位，且这些点位能真实地反映灾害地质体变形敏感部位。每一崩滑体监测点数一般为3～8个，且能构成1～2条监测剖面。点位应位于阻滑段前缘、下滑段前后缘、索引段前缘和滑坡体的剪出口，且适合GPS观测。

测区的5个滑坡体上共计布设了36个监测点，并按照滑坡体划分为5个监测网，每个监测网中包含3个基准点和若干个监测点。监测点按一个时段观测，每时段2 h，采样间隔为10 s，卫星高度截止角15°。每个监测网观测时，两台GPS接收机分别安置在两个基准点上，另外两台接收机依次安置到各监测点上观测，监测网内的第三个基准点与监测点一样，也按2 h进行测量。监测网中由于多余观测少，必须事先进行星历预报，要求避开 *GDOP* 较大的时间段。

（三）GPS观测数据处理

1. 基准网的数据处理

基准网解算采用随机软件和IGS精密星历，经同步环与异步环检验合格后，利用独立基线固定Ⅱ03点的地心坐标进行自由网平差，得到各基准点在WGS－84下的坐标，并以Ⅱ03点概略经度为中央子午线进行投影，各基准网点平面和高程坐标精度达到了2 mm，满足了方案要求。

基准网的稳定性是关系到所求的变形量是否合理的关键，因此对各期基准网应该进行稳定性检验。如果检验通过，则都采用第一期基准网平差结果作为变形量的基准；如果基准网中某些点发生了变动，则在变形量中应该扣除这一部分，从而使所得到的变形量与实际变形量相一致。

2. 监测网的数据处理

测区5个滑坡体监测网的观测与数据处理均分别进行，每个监测网在基线解算前，先固定一个基准点坐标作为网的位置基准，基线解算后在WGS－84坐标系下进行自由网平差，并对相应区域的中央子午线作平面坐标投影。

（四）注意事项

由于监测点处于滑坡体上，选点的自由度较少，视场狭窄，卫星信号遮挡严重，基线处理时经常发现信号失锁，对测量精度造成了影响。从上述事例的结果来看，监测点测量精度一般在2 mm左右。

理论和实践都已证明，采用GPS进行变形测量时，仅仅统一网的位置基准是不够的，由于卫星轨道误差、大气折射等因素的影响，不同期观测的GPS网在方位和尺度上也存在微量的变化，如果用每期的自由网平差结果直接比较来计算变形量，将含有方位和尺度变化的影响，无法求得正确的变形量。因此，在监测网进行自由网平差后，应以第一期基准网平差结果为基准，利用监测网内的其他基准点作为公共点进行坐标转换，统一各期的位置基准、方位基准和尺度基准，从而求得合理的变形量。

三、智能全站仪在滑坡监测中应用

（一）监测系统组成

整个滑坡监测系统包括基准控制网（见图6-3）、变形网、观测仪器、数据传输线路、数据处理系统和报警系统等（见图6-4）。基准控制网由布设在露天矿周围稳定地点的埋石控制点 C1 ~ C4 组成四边形。变形网由埋设在边坡上的混凝土强制对中点组成，每一个强制对中点上安装有棱镜或反射片。基准网和变形网的初始坐标采用 GPS 进行测量，并且与国家和矿区控制网联测获得。

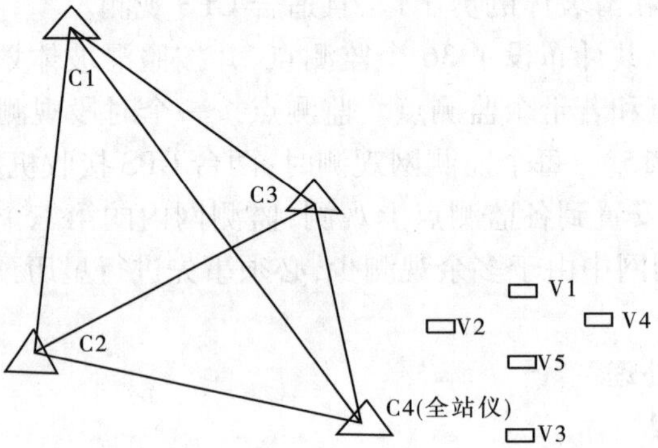

图6-3　滑坡监测基准网与变形网

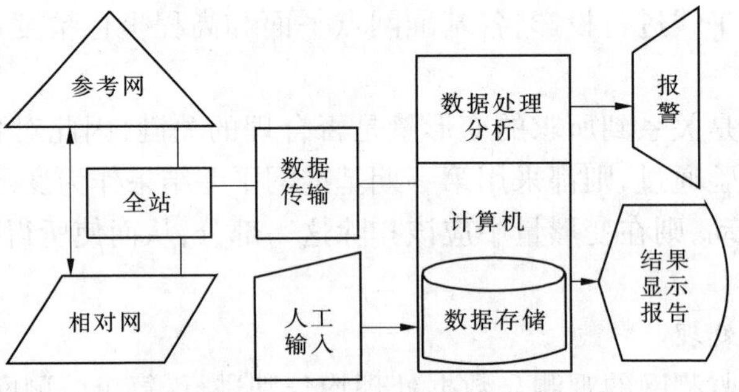

图6-4　滑坡监测系统整体构成

（二）观测仪器

观测仪器选用徕卡 TCA2003 全自动全站仪。采用 ATR（Automatic Target Recognition）目标自动识别技术的 TCA2003 被称为测量机器人。ATR 部件同轴安装在全站仪望远镜里，仪器发射出的激光束被棱镜反射回望远镜内置 CCD 阵列，接收光点位置在 CCD 阵列上被计算。根据计算出的偏移量来改正水平角和垂直角，且控制仪器马达，使仪器望远镜中的十字丝和棱镜中心匹配，即自动搜索目标。

ATR 可实现高效测量，黑夜也不必间断工作；使用常规的棱镜，无须昂贵的特殊棱镜或添置电源等配件，并且可以用 RCS1100 远程摇控。TCA2003 的机载监测程序可以按自定义的时间间隔自动重复观测多达 50 个目标点，是目前世界上精度最高的全站仪之一，其角度精度达 0.5″，距离精度达 ±（1 mm + 1 × 10^{-6}）。

使用仪器时,在仪器 PC 卡内存储各点原始数据。安装好仪器和棱镜,进行"设站";进入仪器的学习状态。先人工照准各点进行测量,使仪器记忆各点位置,然后设定观测时间、次数、观测时间间隔和测量方式(方向观测或者测回法等)等。开始观测后,仪器可以自动搜索棱镜,按照设定的观测顺序和观测时间进行测量。

(三)仪器数据传输

根据现场情况,可以采用如下几种数据传输方式。

1. 用"Y 电缆"实现供电和数据传输

用仪器配套的"Y 电缆"直接连接仪器和计算机,根据徕卡 GEOCOM 自行开发软件实现数据实时传输。此种方式投资小,中间环节少且可靠。计算机也可以通过局域网与其他计算机通信。

2. 采用电话线传输

仪器输出数据经调制解调器调制后,经过电话线传送至监测房中的调制解调器,还原为数字信号,再传输入计算机。

3. 采用无线传输

监测地点条件通常很差,人员很难守着仪器。采用 TCA 数据无线通信,可以在 35 km 范围内实时掌握 TCA 的测量数据。利用全站仪数据线和无线电调制解调器连接线把 TCA 全站仪与无线调制解调器和 Null Modem 连接起来,在仪器菜单内设置数据输出方式为 RS－232,确定 GSI 和 GEOCOM 的参数设置一致。用无线调制解调器连接线把电脑和无线调制解调器连上,设好电脑的传输参数,仪器自动记录的数据会传输到已经连接的电脑上。

4. 采用 GPRS 或 CDMA 数据传输

这种方法传输距离远,需要移动运营商的支持。可以用利事达 LT8030 GPRS IP 数传王,或者 LT8040 CDMA 无线 Modem。

(四)数据处理

测量数据经检核,转换成徕卡. GSI 数据格式,存入数据库。数据库字段包括序号、点名、X 坐标、Y 坐标、高程 H、观测日期、时间、测回号等。建立点表、观测循环表等。

当室外全站仪开始观测时,室内监控系统随时调用传输来的数据,按照相应的模型进行滑坡分析、绘图、报告,并以声光、电话或手机短信等方式发出滑坡报警。

第四节　地下工程变形监测

一、常规方法监测

本实例以广州地铁二号线琶洲站沿新港东路向东延伸段为例,介绍地铁变形监测实施过程中,使用全站仪、水准仪分别测量水平位移、垂直位移的一般方法和全过程。这种方法在观测频率要求不大时,非常适合众多地下工程的变形监测。

(一)监测目的

(1)掌握地铁沿线因物业开发对地铁建筑结构产生的水平位移和垂直位移的变化量。

(2)掌握地铁在运营过程中,其建筑结构是否趋于稳定。

(3)及时预报地铁某一地段发生变形的趋势,以便及时采取相应的有效措施,确保地铁安全正常运营。

(二)监测警戒值与周期

1.警戒值

(1)平面位移监测的变形警戒值:角度按变化量换算成相对应的横向位移2.0 mm计,距离按4.0 mm计。

(2)垂直位移监测的变形警戒值按2.0 mm计。

2.监测周期

监测时间间隔为每3个月一次,稳定后每一年一次。

(三)观测仪器的选用

(1)平面位移监测使用徕卡全站仪TC1800(1″,2 mm + 2×10^{-6})及配套精密对点器。

(2)垂直位移监测使用徕卡NA2精密水准仪(±0.4 mm)+ GPM3测微器(±0.3 mm)及配套3 m因瓦水准钢尺。

(四)监测点埋设

1.监测基准点

基准点边长不小于120 m。琶洲站内利用原二号线首通段的基准点,在原二号琶洲站站后折返线及二号线调整工程万胜围站站后折返线处各设3~4个工作基点。基准点包括平面、高程点。

2.变形监测点

考虑到施工缝的影响,变形监测控制点边长110~120 m,变形监测控制点包括平面、高程点。在变形监测控制点之间加一个平面位移监测点(包括高程),边长50~60 m。再在平面位移监测点之间加一个垂直位移监测点,边长20~30 m。

3.点位埋设与编号

变形监测点均埋设$\phi16\times60$ mm带螺纹的铜杆,平面监测点在铜螺杆中心钻一个$\phi5\times10$ mm的小孔。变形监测点一般埋设于道床中央,统一连续(按里程)编号,并按左、右线号加前缀Z、Y字母以区分标识。监测点号规范地书写于隧道侧墙和道床上。

(五)监测点施测

1.平面位移外业施测

监测时遵循"以基准点为基础,先控制,后加密"的原则。为了能更客观地反映变形的实际情况,每次监测采用的仪器、设备、观测人员及观测程序均相同。每次作业前先检测工作基点间夹角、边长、高差,确认基准点稳定的情况下,再进行变形点的监测。

平面位移监测以附合导线形式作业,从一侧假定基线边附合至另一侧假定基线边。

(1)水平角观测:测回数6,按单测回观测左角、双测回观测右角进行施测,每测回同方向正倒镜一次观测不调焦,以减小调焦的影响。左右角之和与360°之差的绝对值小于2.5″时取平均值。

(2)距离观测:往返观测各2测回取平均值,并进行温度、气压、投影改正。

为便于识别控制点,均用红油漆标"△"符号于侧墙或道床中央。

2. 高程沉降外业监测

(1)基准点稳定检测:每次监测前,先对使用的基点或工作基点间的几何关系进行检测,在满足规范要求($|\Delta h_{检} - \Delta h_{理}| < 2$ mm)时,确认该基准点稳定可靠后,方可进行监测施测作业。

(2)监测点高程观测:监测时按附合水准方式往返作业,由一个工作基点开始附合到下一工作基点,按二等水准作业要求进行施测,其限差应满足 $f_{h检} \leqslant f_{h理} = \pm 4\sqrt{L}$ mm(L 以 km 计)。

重复周期的沉降监测可采用单程附合水准观测,但在监测过程中若发现与上一次观测值相差较大,对该监测点或某一测段应往返观测,以确认该地段是否发生竖向位移。

(3)观测程序:往测为“后—前—前—后”,返测为“前—后—后—前”。每测站前后视距差不超过 ±1 m,每一测段前后视距累计差不超过 ±3 m。

(4)计算:沉降监测点按附合水准进行平差,计算出沉降监测点高程。

(六)监测成果分析

1. 平面位移分析

制作平面成果比较表,依此分析各桩位变形和累计变形,并换算为横向偏移值,当横向位移值小于前述警戒值要求(2 mm)时,说明该段趋于稳定,否则应继续进行跟踪监测,并确定继续观测的范围。跟踪观测范围一般以里程桩号段进行确定。

2. 沉降变形分析

二等水准测量的精度为每千米高差中数的偶然中误差为 $M_{\Delta} = \pm 1$ mm,足够发现地铁工程中大于 2 mm 的变形;且建成后的地铁隧道发生或允许发生的垂直位移很难准确给出,难以确定沉降的测量精度,故沉降监测的变形监测警戒值按 2 mm 计。

沉降变形分析采用高程成果比较表进行,同样与警戒值比较来判断是否需要跟踪监测和确定跟踪监测的范围。

二、用收敛计监测隧道变形

收敛计是用于测量两点间相对距离的一种便携式仪器。广泛用于测量地下厂房、坑道、隧道式坑口对应的墙体间或顶面到地面间距的微小变化,也可以用于监测结构与支承的变形,以及测量不稳定边坡的移动性。

图 6-5 为我国某厂生产的 YT－SLJ－1 型钢尺收敛计。其构造由大量程百分表、大张力不锈钢尺、恒力弹簧、挂钩、调节螺母等组成。采用符合人体工学要求的外观设计及硬质铝合金机身,外观极为轻巧、美观,且结实、耐用,抓握、操作也极为适手。仪器结构简单,操作方便,体积小,质量轻。

主要技术指标:标准量程 20～30 m;最小读数 0.01 mm;系统误差 ≤0.2 mm;质量:1.8 kg。

以下以实例方式介绍收敛计在隧道变形监测中的应用过程。

图 6-5　钢尺收敛计

(一)监测方法

地下隧道或洞室围岩收敛变形监测是用收敛计量测围岩表面两

点在连线(基线)方向上的相对位移即收敛值。以下实例采用某研究所生产的 WRM－3 型钢尺收敛计,此收敛计仪器结构简单,使用灵活,能精确迅速地测量两点之间的相对距离。

(二)观测断面和测线的布置

1. 断面布置

围岩位移存在空间效应和时间效应。空间效应是掌子面约束作用产生的影响,时间效应是在掌子面约束作用解除后收敛位移随时间的延长而增大的现象。这两种效应是围岩稳定情况的重要标志。

为了使所观测的数据真实地反映围岩变形,观测断面应尽可能靠近开挖掌子面,距离不宜大于 1.0 m,观测断面间距不宜大于 2 倍洞径。该项目中每条隧洞量测断面间隔为 25 ~ 35 m,并尽可能把观测断面布置在能测到最大位移值处。

2. 测线布置

隧道采用正台阶分层开挖法施工,先开挖隧道的上部 6.8 m,后开挖下部 5.3 m,再开挖底部 1.6 m。具体测线布置和开挖顺序见图 6-6。

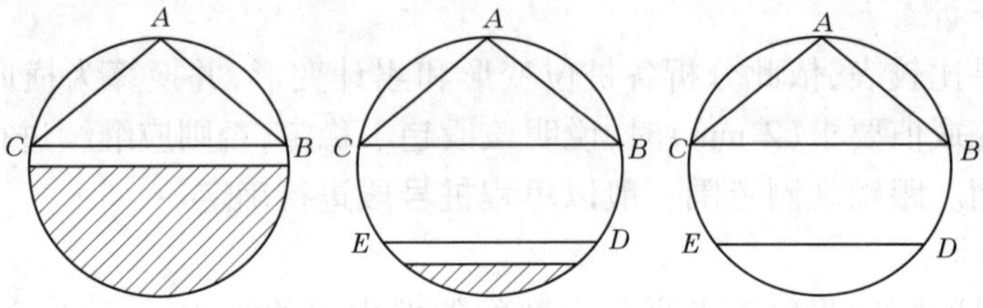

(a)上部开挖　(b)下部开挖　(c)底部开挖

图 6-6　收敛计测线布设

3. 测点的埋设

为了使测点能代表围岩表面,测点应牢固地埋设在围岩表面,其深度不宜过深,也不能过浅,以避免损坏。每个断面布设 5 个测点,两腰测点由埋入围岩壁面 30 ~ 50 cm 的埋杆和圆球测头组成,圆球测头外露 5 ~ 6 cm,测头外套一个保护套筒。

由于受登高条件的制约,顶拱测点由埋杆、铟钢丝和圆球测头组成。测点埋设用电锤钻孔,用锚固剂牢牢锚固埋杆。钢丝长度选取应以方便斜线量测为宜。两对水平测点要保持水平(可用联通管布设),并和顶拱测点保持在同一平面上。在喷混凝土之前,还需用硬纸壳、薄膜外抹黄油捆扎在测点外面的保护套筒上,另加小红旗作标志。喷层后很快拆掉硬纸壳继续观测,避免外界振动或破坏,确保质量。

(三)收敛观测频率

收敛观测时,严格按照 WRM－3 型钢尺收敛计操作步骤,每条测线观测 3 次,3 次读数差不应大于收敛计的精度范围,取 3 次读数平均值作为计算值。

观测频率为:布设断面前 15 d 每天 1 次,15 d 后每两天 1 次,1 个月后每周 1 次。

遇到下列情况应加密观测:

(1)在观测断面附近开挖时,每次爆破前后均应观测 1 次。

(2)测值出现异常。

(3)在观测断面附近作支护或加固处理时。

（四）数据分析

1. 位移—时间特性

每次测量后，要及时将记录本上的原始数据进行整理与计算，并完成记录表和成果表的填写。直观地分析围岩的稳定性，还要绘出围岩变形时间曲线。

通过对1#尾水隧洞和3#尾水隧洞的16个观测断面的观测，可把围岩变形特征分为3类，如图6-7所示。

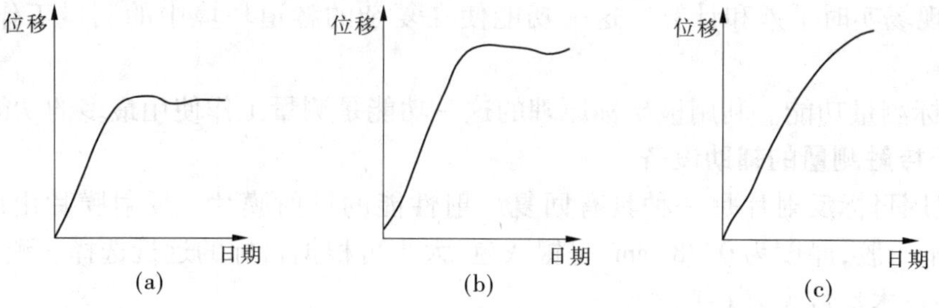

图6-7　围岩变形特征曲线

当围岩较均匀、岩体条件较好、施工支护及时时，围岩的收敛变形特性如图6-7（a）所示。它的特征是收敛变形不大，空间效应明显，当观测断面距掌子面2.5～3倍洞径以后，变形开始变缓，变形速率明显下降。

当围岩有软岩或大的结构面存在时，围岩塑性明显，这类围岩变形特性如图6-7（c）所示。对于这种围岩，一定要采取加固措施，提高支护的强度。否则，很容易产生支护的开裂或破坏。

图6-7（b）类和图6-7（c）类变形规律相似，但变形值很大，这种围岩较易破碎，采取支护措施以后，围岩已基本稳定。这类围岩若不及时进行支护，可能会发生掉块或塌方。

2. 围岩稳定的判断标准

目前，围岩达到稳定的标准通常都采用位移速度来判别。

我国《锚杆喷射混凝土技术规范》（GBJ 86—85）中规定，当收敛速度为0.1～0.2 mm/d，顶拱下沉速度为0.07～0.15 mm/d时，可作为围岩稳定的标志之一。

日本新奥法设计施工指南指出，当位移速度大于20 mm/d时，就需要特殊支护。法国新奥法施工标准中规定：当月累计收敛量小于7 mm，即每天平均变形速度小于0.23 mm，认为围岩已基本稳定。

三、全站仪三维测量在地铁变形监测中的应用

在隧道施工中，支护系统与围岩之间呈现出错综复杂的关系，这种关系并不能仅仅用“荷载－结构”这样一种力学模型加以概括。因此，在采用新奥法施工时，施工中对围岩应力调整过程和圈岩变形情况进行监测是非常必要的。

传统的隧道变形监测，一般采用钢尺式收敛计和挂钢尺抄平等接触方式进行，这些方法具有成本低、操作简单和适应恶劣施工环境的优点，但这些接触法一般无法进行三维观测。当要了解隧道周边点的三维变化时，这些传统方法显得无能为力。

三维测量技术实现的方法有多种，如近景摄影测量法等。利用全站仪作为主要设备的

隧道净空三维观测方法是一种成本较低且较易实现的方法，在生产实践过程中有着广泛的应用基础。

(一)全站仪的基本功能要求

随着全站仪技术的快速发展，目前许多全站仪具有了非常实用的机载程序，实现三维测量功能已经变得非常容易而且方便，而在隧道变形监测中使用最多的机载功能主要有两项：

(1)自由设站功能。该功能利用多点距离后方交会原理，实现任意仪器安置位置(站点)坐标的现场实时平差和计算。这一功能使在复杂的隧道环境中的测量工作变得灵活、方便。

(2)坐标测量功能。利用极坐标原理的这一功能是测量工作使用最多的功能。

(二)无接触测量的辅助设备

全站仪用目标反射片是一种具有回复反射性能的反射膜片。反射膜片由丙烯酸酯制成，背部为不干胶，厚度为0.28 mm，呈银灰色，大小可根据目标的远近选择。测量中常使用的反射片的技术参数见表6-1。

表6-1　反射片的技术参数

反射片大小(mm×mm)	测量范围(m)	测距精度(mm)
20×20	2～40	3
40×40	20～100	3
60×60	60～180	3

值得一提的是，现在有许多高级全站仪具备了无棱镜反射测距功能，可以实现无棱镜、无反射镜片的目标测量。在高精度测量工作中，使用这种无棱镜全站仪时，必须注意解决目标照准的唯一性和准确性。

对于重大监测工程，在观测成本许可或需要长期观测时，可以将全站仪的测量观测棱镜或小棱镜作为直接目标点，永久性地固定在观测点上，以实现变形监测的自动化。

(三)三维变形监测的自动化

1. 监测系统组成

如图6-8所示，监测系统由全站仪观测站、基准点(2个断面，J_{11}、J_{12}与J_{21}、J_{22})、变形点

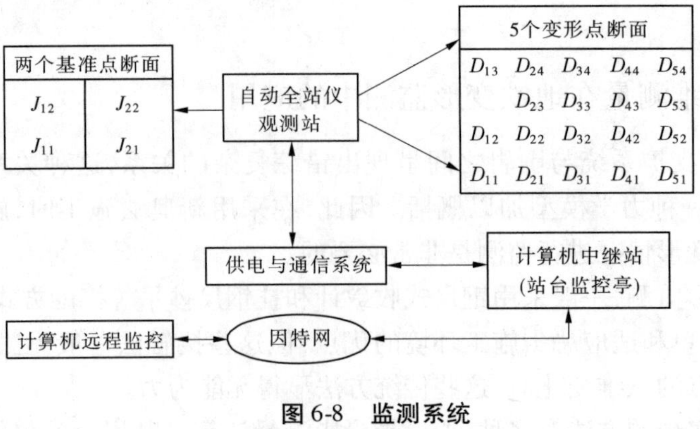

图6-8　监测系统

(5 个断面,D_{11}、D_{12}、D_{13} 与 D_{21}、D_{22}、D_{23}、D_{24} 等)、中继站计算机和远程监控计算机等组成。全站仪观测站与中继站计算机由供电和通信电缆连接起来,远程计算机通过因特网控制中继站计算机,可监视并控制监测系统的运行。

2. 监测系统设备的安装

监测系统在地铁站的安装设备分布情况如图 6-9 所示。

1)全站仪观测站

特制的仪器墩安装在地铁左行线的站台下,完全符合"区间直线地段矩形隧道及车辆界限"的有关安全规定,如图 6-10 所示。

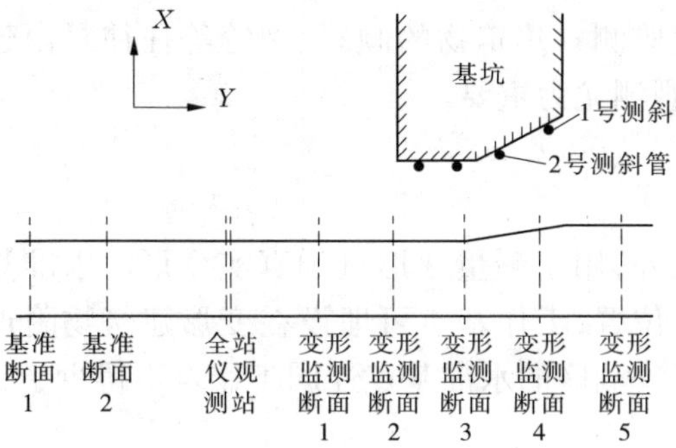

图 6-9　监测系统设备安装分布

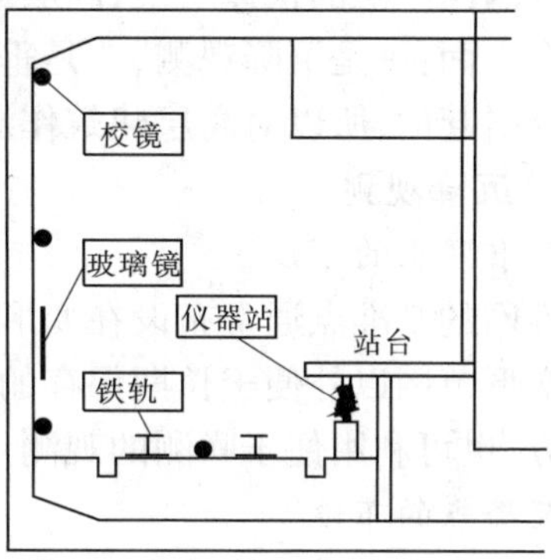

图 6-10　测站与监测点安装

自动化全站仪 TCA 通过基座固定在仪器墩上,并用特制的 D 型玻璃钢罩保护起来。为了便于观察监控,在站台对面的站墙上安装一块 60 cm × 80 cm 的平面玻璃镜,在仪器站两边安装照明设备。这样管理人员在站台上就可通过平面镜来观察仪器的运行情况。

2)基准点和变形点

基准点和变形点均设置在地铁站的左行线上。在仪器站到基坑的方向上,从 30 m 处开始,每隔 15 m 设置一变形点监测断面(见图 6-9),在每一个断面上安装 3 ~ 4 个反射棱镜,分布在铁轨中央 1 个,站墙上、中、下各 1 个(见图 6-10)。基准点设置在仪器站的另一侧,离仪器站 65 m 处为第 1 个基准断面,40 m 处为第 2 个基准断面。每个断面上安装 2 个反射棱镜,分布在铁轨中及站墙下。所有反射棱镜均采用 52 mm 直径的角反射棱镜,有 L 形和 O 形两种,根据不同的现场条件来选用。设置基准点与变形点的位置特别要利用仪器的小视场功能,使之均匀分布在仪器望远镜的视场内,相互不受干扰。

3)中继站计算机

中继站计算机设置在地铁站的监控亭内,使用的软件为信息工程大学测绘学院和徕卡郑州欧亚公司开发的 ADMS 自动变形监测软件。

4)供电和通信系统

由于整个系统工作在地铁运行的环境中,220 V 主电网的供电应该是有保证的,因此无须设置 UPS 供电系统。220 V 的交流供电由站台照明配电室提供线路。由于全站仪观测站与中继站计算机的通信在 100 m 以内,经特殊处理后,RS - 232 接口可直接通信。

3. 系统运行配置

系统的变形点 19 个,基准点 4 个,共计 23 个,每个点正倒镜观测 2 测回,全部测完 23

个点称为1个周期,用时约20 min。每个小时测量1次,每天可采集24个周期的原始数据。在每小时中,测量约占20 min,观测结束后15 min全站仪自动关机,25 min后再次开始下一个周期的测量。

第五节　城市高层建筑物变形监测

一、高层建筑物变形监测

随着国民经济的快速发展,高层建筑越来越多,也越来越高。高层建筑的安全监测主要包括两个方面:一是沉降观测,二是垂直度监测。建筑物的倾斜、裂缝等往往是由建筑物不均匀沉降引起的,所以对高层建筑作沉降观测尤为重要。

(一)沉降观测

1. 基准网点的布设

基准网的基准点通常布设在变形区域外,用于测量变形点的真实变形。水准基点一般埋设在变形范围以外便于长期保存的稳定位置,工作基点可埋设在变形建筑物附近便于引测的地方,也可利用便于联测的观测点,每一测区的水准基点连同工作点不得少于3个。

2. 沉降点的布设

沉降观测点都在变形体上,一般应选在变形体的关键位置和预期最大变形的地方。观测点的数目和位置与建筑物的大小、荷载、基础类型和地质条件有关,点位设定应符合如下要求:

(1)观测点本身应牢固,要确保点位安全,能长期保存;

(2)在建筑物的四角、大转角处以及沿建筑外墙每隔10~15 m处设一点;

(3)对于框架结构建筑物,每个承重柱基上或每隔2~3个柱应设置观测点;

(4)高低建筑物接合部、基础变化、地质条件差异、结构变化的分界处应设点;

(5)当房屋宽度大于15 m时,还应该在房屋内部纵轴线上,承重内墙中部和楼梯间、电梯间布设观测点;

(6)观测点标志的上部必须为突出的半球形状或设在有明显突出之处,并涂上防锈漆。

3. 沉降观测和频率

沉降观测就是用精密水准测量方法定期测出观测点的高程,利用两次测量的高程之差计算出沉降量。

沉降观测的周期及频率应根据工程性质、工程进度、地质土质情况及基础载荷增加情况决定。在建筑物施工期间及建成初期,观测频率要大一些。

施工期间沉降观测的周期及频率参考如下:

(1)建筑物施工阶段的观测应随施工进度及时进行,高层建筑物可在基础垫层或基础底部完成后开始观测。观测次数与时间视地基与加荷情况而定,一般每加高1~5层观测一次。

(2)施工期间若遇停工时间较长,应在停工时和重新开工时各观测一次,停工期间每隔1~3个月观测一次。

(3)基础附近地面荷载突然增加,周围大量积水及暴风雨后,或周围大量挖方时,均应及时观测。

建筑物使用阶段的变形观测次数取决于沉降变形的大小、速度及观测目的。工程竣工初期的观测频率要稍高些，开始每隔 1 ~ 2 个月，或每季度观测一次，以每次沉降量在 5 ~ 10 mm为限度，否则要增加观测数。竣工的第二年每半年一次，第三年后每年一次，直至稳定。

观测过程中，若遇地震影响、连续大雨水浸透等情况，要及时增加观测次数。当建筑物突发大量沉降、严重裂缝时应及时观测。

4. 沉降稳定阶段的判断

《建筑变形测量规程》(JGJ/T 8—97)认为：沉降是否进入稳定阶段应由沉降量与时间关系曲线判定，即由沉降速度与加速度加以判断。

对重点观测和科研工程，若最后 3 个周期中每周期沉降量不大于 $2\sqrt{2}$ 倍测量中误差，可认为已经进入稳定阶段。一般工程，若沉降速度小于 0.01 ~ 0.04 mm/d，可认为已经进入稳定阶段。具体取值宜根据各地区地基土的压缩性确定，如老土地区取 0.01 mm/d，软土地区取 0.04 mm/d。

5. 成果整理

每个测次都要检查记录与计算是否正确、精度是否合格、误差分配是否合理，然后根据平差计算得到相邻两次观测之间的沉降量，填入沉降观测成果表中，绘制时间—沉降关系曲线图、沉降点布置图和沉降曲线图等。

在上述计算和绘图基础上，对曲线变化作出合理的分析，并作出精确的变形趋势预报。

(二)垂直度直接观测方法

测定建筑物的垂直度(倾斜)的方法有两类：一类是通过测量建筑物基础的高程变化，即通过沉降观测来实现；另一类是直接测定建筑物的倾斜，该方法多用于高层建筑。

1. 激光垂准仪法

激光垂准仪法一般是在高层建筑的电梯井、管道井及特设开间的基部安装激光铅直仪，并在建筑物顶部安装接收靶进行建筑物垂直度的测量。

这种方法对较低的建筑物较为适用，对于高大建筑物(高度 300 m 以上)，其衍射光斑可达 15 ~ 30 mm。另外，该法还会受到建筑物井筒内空气湍流的影响，造成光斑晃动，使测试精度受到影响。

图 6-11 为我国苏一光生产的 DZJ2 激光垂准仪，向上一测回垂直测量标准偏差1/45 000，向下对径观测极限误差 1/2 000。

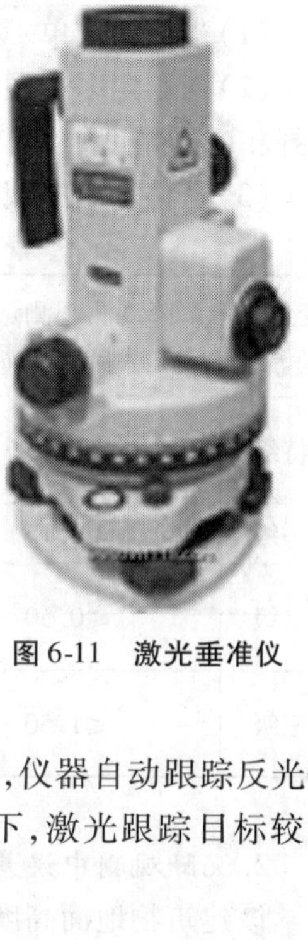

图 6-11　激光垂准仪

2. 全站仪法

全站仪法是将反光镜安放在建筑物楼顶，在远离建筑物高度 1 ~ 2倍以上的地方架设全站仪进行数据采集。解算倾斜度的方法参阅本教材第三章第四节。

在成本许可条件下，可以采用自动跟踪全站仪，人工瞄准目标后，仪器自动跟踪反光镜的采样数据记录频率为 0.5 s，在恶劣气候条件(如台风、大雨等)下，激光跟踪目标较为困难。

3. GPS 法

1)周期性重复测量法

周期性重复测量法是一种常用、低成本的方法,每一个周期测量观测点之间的相对位置,通过计算两个观测周期间的相对位置变化来测定变形。GPS 的数据处理方式是静态相对定位。

2)GPS - RTK 法

对一些采样数据密度要求大的观测,如高层建筑物的震动试验观测,静态观测难以胜任,此时使用 RTK 可以较好地完成任务。

具体实施参考本章第六节。

二、高层建筑沉降监测

(一)工程概况与布点

实例对象为某小区高层建筑,设计高度为 66 m,地上 19 层,桩基为钢筋混凝土沉管灌注桩,框剪结构。在桩基工程完成后开挖地下室的过程中,发现施工问题,要求在沉降观测的基础上进行改进。

沉降测量的基准点采用城市水准点,工作基点设置在其他幢先期施工的桩基承台上,沿建筑物对称布置了 12 个地面沉降观测点 C1 ~ C12。

(二)沉降观测等级的确定

1. 测量精度等级的确定原则

对于一个实际工程,变形测量的精度等级应先根据各类建(构)筑物的变形允许值按《建筑变形测量规程》(JGJ/T 8—97)的规定进行估算,然后按以下原则确定:

(1)当仅给定单一变形允许值时,应按所估算的观测点精度选择相应的精度等级;

(2)当给定多个同类型变形允许值时,应分别估算观测点精度,并应根据其中最高精度选择相应的精度等级;

(3)当估算出的观测点精度低于三级精度要求时,宜采用三级精度(见表 6-2)。

表 6-2　建筑变形测量等级及其精度

变形测量等级	沉降观测观测点测站高差中误差(mm)	位移观测观测点坐标中误差(mm)	适用范围
特级	≤0.05	≤0.3	特高精度要求的特种精密工程和重要科研项目变形观测
一级	≤0.15	≤1.0	高精度要求的大型建筑物和科研项目变形观测
二级	≤0.50	≤3.0	中等精度要求的建筑物和科研项目变形观测,重要建筑物主体倾斜观测、场地滑坡观测
三级	≤1.50	≤10.0	低精度要求的建筑物变形观测,一般建筑物主体倾斜观测、场地滑坡观测

2. 沉降观测中误差

该建筑物地面高度为 66 m,设计允许倾斜度 α 为 0.15%,两沉降点的最短距离 L 为

8 m。则允许顶部极限偏移量为：

$$\Delta_{容} = \pm \alpha h = \pm 0.15\% \times 66 = \pm 99.0(\text{mm})$$

容许误差按《建筑变形测量规程》(JGJ/T 8—97)规定取允许顶部偏移量的 1/20，则测量容许误差为：

$$f_{\Delta} = \pm 99.0/20 = \pm 4.95(\text{mm})$$

取 3 倍的中误差为容许误差，则沉降观测中误差为：

$$m_{\Delta} = \pm 4.95/3 = \pm 1.65(\text{mm})$$

3. 相对沉降观测中误差

相对沉降观测中误差也叫差异沉降观测中误差，又叫观测点测站高差中误差(几何水准测量测站高差中误差)，可用下述方法求得：

由差异沉降最大允许值来求得。差异沉降最大允许值为：

$$\delta_{最大} = \pm 2L/1\,000 = \pm 2 \times 8/1\,000 = \pm 16(\text{mm})$$

取 $f_h = \delta_{最大}/10 = \pm 1.6$ mm 为差异沉降观测容许误差。

由于差异沉降可直接由 2 点间的高差来求得，如取 2 倍中误差为容许误差，则差异沉降观测中误差为：

$$m_{沉} = \pm f_h/2 = \pm 1.6/2 = \pm 0.8(\text{mm})$$

4. 沉降观测等级

由于该工程的观测点测站高差中误差是 ±0.8 mm，比建筑变形测量的二级精度要求(相邻点 ±0.5 mm)和《工程测量规范》(GB 50026—2007)中变形测量的三等精度要求(相邻点 ±0.5 mm)稍低，故选用《工程测量规范》(GB 50026—2007)中要求的三等沉降精度的二等水准测量方法实施技术设计和沉降观测，仪器选用 DS1 水准仪与因瓦水准尺。

(三)成果检验与计算

按照二等水准测量要求，编制技术设计书和实施细则，观测成果的线路闭合差均必须在误差允许值内。水准线路每测站中误差为：

$$m_{站} = \pm \sqrt{[(f^2/n)/N]} \leqslant \pm 0.25\ \text{mm}$$

式中 f——线路闭合差；

n——线路中测站数；

N——监测次数。

观测成果合格后，可以进行相关的平差计算。平差计算时，先从基准点进行水准联测工作，按间接平差原理以结点法进行，得出工作基点的近似高程；复测后采用秩亏自由网进行平差来判断工作基点的稳定性，如果发现工作基点不稳定，一方面与基准点进行联测，另一方面可以采用拟稳平差的方法进行平差计算。

(四)数据分析

1. 累计沉降量分析

从表 6-3 中可以看出，该建筑物累计沉降量最大值是 -12.7 mm，C12 点的平均下沉速度为 0.047 mm/d；累计沉降量最小值是 -5.3 mm，C2 点的平均下沉速度为 -0.020 mm/d，累计沉降量的平均值是 -9.0 mm，平均下沉速度为 -0.034 mm/d，从累计沉降量和下沉速度来看，数值均较小，这些情况均属正常，且较为理想。

表 6-3　沉降监测累计沉降量成果　（单位：mm）

观测日期（年-月-日）	C1	C2	C3	C4	C5	C6	C7	C8	C9	C10	C11	C12
2003-11-09	0	0	0	0	0	0	0	0	0	0	0	0
2004-08-10	-9.2	-5.3	-10.2	-9.3	-5.4	-5.4	-7.1	-10.3	-11.5	-9.6	-8.1	-12.7

2. 不均匀沉降分析

不均匀沉降（倾斜）对建筑物的结构影响较大，对多层、高层建筑由不均匀沉降引起的倾斜度可参考如下要求：

设建筑物总高度为 H，当 $H \leqslant 24$ m 时，限差为 4‰；当 24 m $< H \leqslant 60$ m 时，限差为 3‰；当 60 m $< H \leqslant 100$ m 时，限差为 2‰；当 $H > 100$ m 时，限差为 1.5‰。

该大楼高为 66 m，最大斜度值为 0.42‰，故小于上述不均匀沉降引起的倾斜度 2‰的要求。

（五）稳定期的判断

该工程的沉降处于稳定状态，以半年所测的沉降量不超过 2 mm 为宜，也就是取沉降速度 0.01 mm/d 为极限值。

第六节　大型桥梁变形监测

一、概述

（一）桥梁变形的类型

桥梁变形按其类型可分为静态变形和动态变形。

静态变形是指变形观测的结果只表示在某一期间内的变形值，即变形是时间的函数。动态变形是指在外力影响下而产生的变形，它表示桥梁在某个时刻的瞬时变形，是以外力为函数来表示的对于时间的变化。

桥梁墩台的变形一般来说是静态变形，而桥梁结构的挠度变形则是动态变形。

（二）桥墩变形观测内容与方法

对桥梁墩台的静态变形观测，是对桥梁墩台上观测点的三维坐标变化的观测，包括两个方面：

（1）各墩台的垂直位移观测，其中包括各墩台沿水流方向（垂直于桥轴线方向）和沿桥轴线方向的倾斜观测。

（2）各墩台的水平位移观测，其中各墩台在上、下游的水平位移观测称为横向位移观测，各墩台沿桥轴线方向的水平位移观测称为纵向位移观测。两者中，以横向位移观测更为重要。

桥梁变形观测的方法需根据桥梁变形的特点、变形量的大小、变形的速度等因素合理选用，目前桥梁变形观测的方法有以下四种：

（1）大地控制测量方法又称为常规地面测量方法。它是变形观测的主要手段。其主要优点是，能够提供桥墩台和桥跨越结构的变形情况，能够以网的形式进行测量并对测量结果进行精度评定。

(2)特殊测量方法。包括倾斜测量和激光准直测量。

(3)地面立体摄影测量方法。

(4)GPS 动态监测方法。

后三种与第一种测量方法相比,具有外业工作量少、容易实现连续监测和自动化等优点。

桥梁变形观测通常要求观测次数既能反映出变化的过程,又不遗漏变化的时刻。一般在建造初期,变形速度比较快,观测频率要大一些;经过一段时间后,变形逐步稳定,观测次数可逐步减少;在掌握了一定的规律或变形稳定后,可规定其观测周期;在桥梁遇到特殊情况时,如遇洪水、船只碰撞,应及时观测。

从对变形观测的分析中可归纳出桥梁变形的过程、变形的规律和幅度,分析变形的原因,判断变形是否异常。同时,可验证地基与基础的计算方法,桥梁结构的设计方法,对不同的地基与工程结构规定合理的允许变形值,为桥梁设计、施工、管理和科学研究工作提供资料。

研究桥梁墩台的空间位置变化和桥跨结构的挠度变化情况,可以通过对变形观测网的观测来实现。观测点布设在桥梁墩台选定的位置上,根据观测点在垂直方向和水平方向的位移值可分析研究桥梁的变形情况。基准点位于桥梁承压范围之外,被视为稳定不动的点。工作基点全部位于承压区之内,用以直接测定观测点变形。

下面从垂直位移和水平位移观测两方面来论述基准点、工作基点、观测点的布置以及监测网的布设等问题。

二、垂直位移观测

(一)垂直位移监测网

桥梁垂直位移观测主要用于发现桥梁墩台在垂直方向上的变化。布设的基准网点应尽量选在桥梁承压区之外,但又不宜离桥梁墩台太远,以免加大实测工作量及增大测量的累积误差。一般来说,以不远于桥梁墩台 1 ~ 2 km 为宜。

工作基点一般选在桥台上,以便于观测布设在桥梁墩上的观测点,测定各桥墩相对于桥台的变形。而工作基点的垂直变形可由基准点测定,以求得观测点相对于稳定点的绝对变形。

观测点的布设应遵循既均匀又有重点的原则。均匀布设是指在每个墩台上都要布设观测点,以便全面判断桥梁的稳定性;重点布设是指对那些受力不均匀、地基基础不良或结构的重要部分,应加密观测点,主桥墩尤应如此。

主桥墩台上的观测点应在墩台顶上的上、下两端的适宜位置处各埋设一个,以便研究沉降与非均匀沉陷(即倾斜变形)。

(二)垂直位移观测

垂直位移观测是定期测量布设在桥墩台上的观测点相对于基准点的高差,求得观测点的高程,利用不同时期观测点的高程求出墩台的垂直位移值。

基准点的观测应每年定期进行一次或两次,各次观测的条件应尽可能相同,以减少外界条件对成果的影响。水准测量应执行的等级依据变形观测的精度要求而定。一般大型桥梁应按一等水准测量施测,它能满足变形观测精度 1 mm 的要求。

观测点观测包括引桥观测点观测和水中桥墩观测点观测，由于引桥观测点是在岸上，其施测方法可参照工作基点的施测方法进行。这里主要说明水中桥墩上的施测方法。

对水中桥墩观测点、观测的线路方案从一个墩到另一个墩的观测可以采用跨河水准测量，但这样工作量较大，故改为跨墩水准测量。即把仪器设站于一墩上，而观测后、前视两个相邻的桥墩，形成跨墩水准测量。按跨墩水准测量施测时，考虑到其照准误差、大气折光误差等急剧增加，因而对跨墩水准测量的作业，必须采取一定的措施来提高观测精度。这些措施有：

(1)选用 i 角变化小的仪器，这样在前、后视等距时可抵消其影响。

(2)仪器与微型水准尺应置于观测墩上，当采用 3 m 水准尺时，必须将尺固定于测点上，以保持仪器和标尺的稳定。

(3)增加观测测回数，测回间变动仪器高，测回互差严于跨河水准测量的规定。

跨墩水准测量的方法无规范可循，它是实际经验的总结。经验表明，在长视距测量中，以前、后视等距的跨墩水准测量代替跨河水准测量是可行的。

在主桥墩面上，由于其使用空间有限，变形观测点应遵循一点多用的原则，既是垂直位移的观测点，也是横向位移、纵向位移及倾斜观测点。观测点可采用观测墩及强制归心装置。

三、水平位移观测

(一)水平位移监测工作基点的布设

测定相对位移时，工作基点一般处于桥台上或附近不远处，很难保证稳定不动，所以要定期测定工作基点的位移，以改正观测点测定的结果。工作基点位移可按如下方法测定。

1. 边角网法

边角网法是在桥址附近，建立一短边三角网，将此网起算点选择在变形区域以外，此网包括基准线的端点或前方交会的测站点，定期对该网进行观测，求出各工作基点在不同时期的坐标值，据此求出各工作基点的位移值；对工作基点进行稳定性检验，当检验出工作基点不稳定时，对由工作基点的位移值引起的观测点的位移值进行改正。

2. 后方交会法

在地形与地质条件适宜的地区，可以在基准线端点四周的稳定基岩上选择几个检校点，利用这些点用后方交会法来测定基准线端点的位置，但必须注意的是，测站点不能位于三个照准点所在的圆(危险圆)的附近。

3. 检核基准线法

在墩台面上所布设的基准线的延长线上，选择地基稳定处设置观测墩，以形成检核方向线，用此方向线来检核基准线端点在垂直于基准线方向的位移。

4. GPS 网法

利用 GPS 网测定工作基点的稳定性，由于基准点不需要与工作基点通视，可以很方便地在桥梁承压区范围之外选择稳定的基准点，因此建网的工作量很小。目前，用载波相位观测相对定位精度可达 1×10^{-6}。

(二)水平位移观测

测定相对位移的方法与桥梁的形状有关，对于直线形桥梁，一般采用基准线法、测小角法等;对于曲线形桥梁,一般采用前方交会法、导线测量法等。

(1)基准线法。对于直线形的桥梁,测定桥墩台的横向位移以基准线法最为有利,而纵向位移可用高精度测距仪直接测定。大型桥梁包括主桥和引桥两部分,可分别布设三条基准线,主桥一条,两端引桥各一条。

(2)测小角法。测小角法是精密测定基准线方向(或分段基准线方向)与测站到观测点之间的小角。由于小角观测中仪器和觇牌一般置于钢筋混凝土结构的观测墩上,观测墩底座部分要求直接浇筑在基岩上,以确保其稳定性。

(3)前方交会法。若桥梁难以直接用距离测量法和基准线法测定位移,可用前方交会法。该方法能求得纵、横向位移值的总量,投影到纵、横方向线上,即可获得纵、横向位移量。

(4)导线测量法。对于桥梁水平位移监测,还可采用导线测量法,这种导线两端连接于桥台工作基点上,每一个墩上设置一导线点,它们也是观测点。这是一种两端不测连接角的无定向导线。通过重复观测,由两期观测成果比较可得观测点的位移。

四、桥梁挠度观测

(一)观测内容

桥梁挠度观测是桥梁检测工作的重要组成部分。桥梁建成后,受静荷载和动荷载影响,必然会产生挠曲变形,在交付使用前或交付使用后应对桥梁的挠度变形进行观测。

桥梁挠度观测包括:

(1)静荷载挠度观测:静荷载挠度观测时测定桥梁自重和构件安装误差引起的桥梁的下垂量。

(2)动荷载挠度观测:动荷载挠度观测时测定车辆通过时在其重量和冲量作用下桥梁产生的挠曲变形量。

(二)观测方法

荷载试验时,挠度观测的方法应根据荷载试验理论计算结果和规范的规定,选择适当的方法和仪器。各种方法的特点概述如下。

1. 精密几何水准法

精密几何水准法是桥梁挠度测量的一种传统方法,该方法利用布置在稳固处的基准点和桥梁结构上的水准点,观测桥体在加载前和加载后的测点高程,从而计算桥梁检测部位的挠度值。精密水准是进行国家高程控制网及高精度工程控制网的主要手段。

目前,高精度的光学水准仪已十分普遍,其精度已高于 ±1 mm,许多光学水准仪已采用自动安平技术,使测量的速度得到了进一步提高。另外,近年来,电子水准仪也已在许多工程中开始应用,其观测、记录和数据处理将更方便简捷,大大提高了测量工作效率。由于大多数桥梁的跨径都在 1 km 以内,所以利用水准测量方法测量挠度,一般能达到 ±1 mm 以内的精度。

2. 全站仪法

全站仪法的实质是利用光电测距三角高程法进行观测。在三角高程测量中,大气折光是一项非常重要的误差来源,但桥梁挠度观测一般在夜里进行,这时的大气状态较稳定,且挠度观测不需要绝对高差,只需要高差之差,因此只有大气折光的变化对挠度有影响,而该项误差相对较小。当仅考虑测距和测角误差时,利用 TC2003 全站仪,在 1 km 以内可以达

到 ±3 mm 左右的精度。

3. GPS 法

目前,GPS 测量主要有三种模式:静态、准动态和动态,各种测量模式的观测时间和测量精度有明显的差异。在通常情况下,静态测量的精度最高,一般可达到毫米级的精度,但其观测时间一般要 1 h 以上。准动态和动态测量的精度一般较低,大量的实测资料表明,在观测条件较好的情况下,其观测精度为厘米级。因此,对于大挠度的桥梁,应用 GPS 观测还是可以考虑的。

4. 静力水准法

静力水准法的主要原理为连通管,利用连通管将各观测点连接起来,以观测各观测点间高程的相对变化。目前,静力水准仪的测程一般在 20 cm 以内,其精度可达 ±0.1 mm 以上,另外,该方法可实现自动化的数据采集和处理。

5. 挠度仪法

在专用挠度仪中,以激光挠度仪最为常见。该仪器的主要原理为:在被检测点上设置一个光学标志点,在远离桥梁的适当位置安置检测仪器,当桥上有荷载通过时,靶标随梁体振动的信息通过红外线传回检测头的成像面上,通过分析将其位移分量记录下来。该方法的主要优点是可以全天候工作,受外界条件的影响较小。

五、GPS – RTK 法实时监测桥梁位移

(一)用 GPS – RTK 监测大桥位移的特点

采用 GPS 卫星定位技术监测大桥在荷载下的位移,有一定的优越性和广泛的应用前景。利用 GPS 载波相位实时差分即 RTK 技术(Real Time Kinematic)监测大桥位移,具有如下特点:

(1)大桥上各点只要能接收到 5 颗以上 GPS 卫星及基准站传来的 GPS 差分信号,即可进行实时差分定位。各监测站之间无需通视,是相互独立的观测值。

(2)受外界大气影响小,可以在暴风雨中进行监测。

(3)自动化程度高。从接收信号,捕捉卫星,到完成 RTK 差分位移都可由仪器自动完成。所测三维坐标可直接存入监控中心服务器进行大桥安全性分析。

(4)速度快、精度高。最快可达 10 ~ 20 Hz 速率输出定位结果,实时定位精度平面可达 10 mm,高程可达 20 mm。

(二)虎门大桥 GPS – RTK 实时位移监测系统

虎门大桥位于热带风暴多发区,监测台风、地震、车载及温度变化对桥梁位移的影响十分重要。悬索桥在风荷载下设计水平最大位移为 0.95 m,垂直最大位移为 1.29 m,大桥各点基振频率集中在 0.088 ~ 0.64 Hz。

1. 监测点布置

虎门大桥 GPS 监测点和 GPS 监测站分别布设在虎门大桥桥面上。测定位置见图 6-12。其中桥面布设 12 个 GPS 监测点,在桥面的中点、1/4、1/8 处两侧对称安置两个监测点,在东西桥塔的塔上横梁中点处各安置一个监测点。在以上各位置均装有天线安装座、电缆、光缆及电源。一期工程在桥面中点、桥面以东 1/4 及桥面以东 1/8 处安装 6 台 GPS 接收机,在东桥塔上横梁中点安装 1 台 GPS 接收机,共 7 个 GPS 监测站。图 6-12 实线标出的位置即为一

期安装的 GPS 监测站的位置。

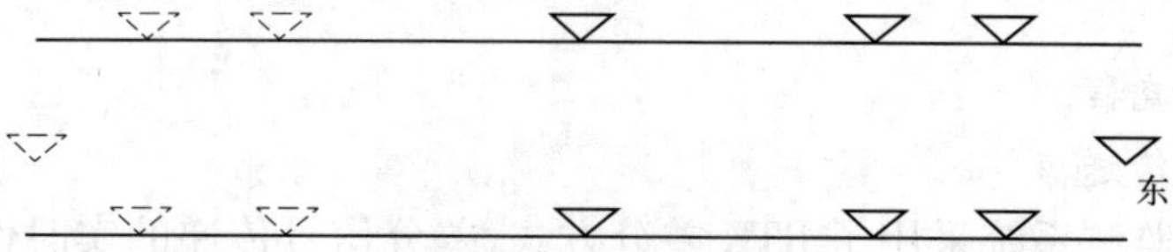

图 6-12　GPS 监测站分布

2. 系统的组成

虎门大桥位移 GPS 监测系统主要由 GPS 基准站、GPS 监测站、光纤通信链路和 GPS 监测中心 4 部分组成,而监测中心主要由工作站、服务器和局域网组成,具体见图 6-13。

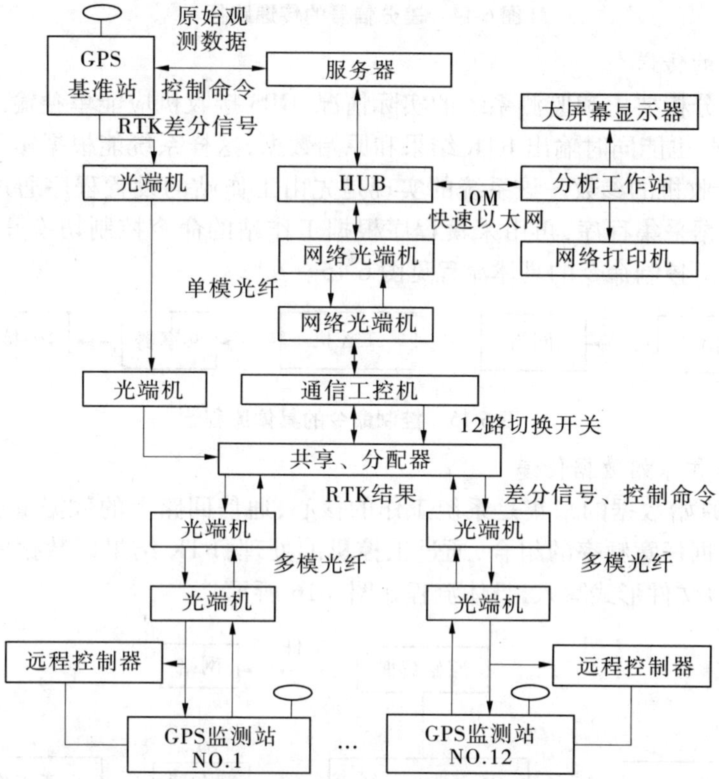

图 6-13　GPS 监测系统构成

3. 系统的功能

(1)GPS 基准站用于输出差分信号和原始数据。

(2)GPS 流动站用于输出 RTK 差分结果和原始数据。

(3)通信工控机用于采集 GPS 流动站的原始数据和 RTK 差分结果,向 GPS 流动站发送控制命令。通过切换开关控制共享、分配器的工作。

(4)服务器用于运行数据库,处理通信工控机发送来的数据供工作站显示和分析。

(5)远程控制器用于远程启动和复位 GPS 流动站。

(6)共享、分配器把差分信号由 1 路分成 12 路,每路差分信号和对应的控制命令通过切换开关共享一路。

(7)局域网,包括网络光调制解调器、光纤、集成器和网线等,是提供数据库存取和文件操作的通道。

4. 系统的信号流程

1)差分信号的传送

由于大桥实时监测系统采用了RTK差分方式,差分信号传递的实时性比较强。为减少信号延迟,在系统设计时差分信号回路基本是很少控制的。差分信号的传递路径如图6-14所示。

图6-14　差分信号的传递路径

2)控制命令的传递

根据数据的分析要求和监测系统的实际情况,GPS接收机应能单独输出0~5 Hz采样频率的RTK数据,也能同时输出RTK结果和原始数据,这样系统能根据实际的需求远距离设置桥上GPS接收机的参数。该系统的实现是先由工作站的设置程序通过网络通信去控制工控机上的数据采集程序,再由采集程序根据工作站的命令控制切换开关,向各个GPS接收机发送指令。控制命令的具体流程见图6-15。

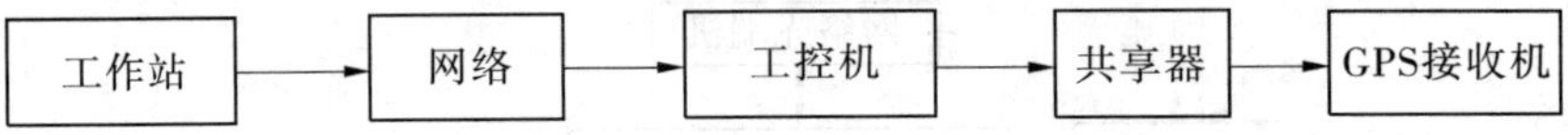

图6-15　控制命令的具体流程

3)RTK数据和原始数据传递

RTK数据、原始数据的采集是系统工作的核心,通信回路上的数据量也是最大的。系统能处理两种数据任意频率的组合,通过工控机的处理,RTK结果以数据库方式存入服务器,原始数据则以文件形式写入,具体流程如图6-16所示。

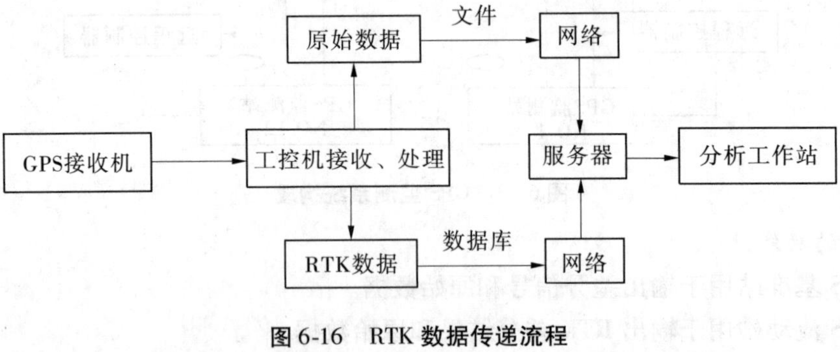

图6-16　RTK数据传递流程

系统可以实时监测各个观测点的X、Y、Z的位移,实时监测整桥3个方向的位移和大桥的扭角,并能对各点的数据进行记录回放。由于采样频率比较高,能完全对各点进行频谱分析,可以及时反映大桥的安全性;分析工作站上可显示观测点的时程曲线和频谱分析图,其中坐标先由经纬度、高程投影到当地坐标系,再通过大桥和东西方向的夹角,投影成大桥坐标,实时显示减去基准坐标后的变化部分。

第七节　大型钢结构建筑物变形监测

随着鸟巢、中央电视台等大型钢结构等典型工程的建设，我国在体育馆、大型剧场等工程中已大量采用网架钢结构进行施工。这些钢结构在运营期间的安全状况对人身的危害极大，需要对其进行变形安全检测，以保证其安全运行。

一、网架结构变形观测的任务

图 6-17 为大型场馆网架基本结构。在变形观测过程中，我们需要了解以下几个基本概念：

图 6-17　场馆网架基本结构

支座——悬空钢结构网架的支撑部，通过焊接在下弦球上的支座体和建筑物混凝土墙、柱上预埋件紧固连接。

下弦球——网架结构靠向地面部分的各连接杆结合点。通常采用钢球形式以螺栓或焊接方式与连接杆连接。

上弦球——网架结构靠向上部的各连接杆结合点。

连接杆——两下弦球之间的连接杆称为下弦杆，两上弦球之间的连接杆称为上弦杆，连接上、下之间的连接杆称为腹杆。

根据钢结构网架质量检测规程要求，网架结构变形观测的任务主要包括：

(1)测量网架跨度变形。即测量相应直线上的支座中心距离值的变化。

(2)测量网架支座的水平度变化。即测量网架支座球体中心位于同一水平面上的变化。

(3)测量网架的挠度变化。即测量下弦球体中心连线偏离设计高度的变化。

以上各种观测点位置布设方案由钢架结构技术人员具体提出，由钢结构和测量技术人员共同设置实施。

二、网架结构的变形观测

(一)坐标系统的选择

(1)平面坐标系统一般采用独立坐标系；

(2)采用假定高程系统，通常以建筑物室内地平面为 ±0 标高。

(二)高程基点及其观测

为保证测量数据的精度及数据的稳定性,在整个网架结构工程建筑体内、外应布设一定的基准点。基准点的数量视建筑结构的不同而不同,间距控制在 50 m 以内。

如图 6-18 所示为某体育馆内共布设水准基点 7 个,其中室内地平面上按网架结构布局 A、B 和 C 区各一个(编号:J1、J2、J3),看台区域根据建筑间隔情况共布设 4 个(编号:J4、J5、J6、J7)。全部水准基点采用膨胀钢钉固定在水泥地面上或固定在混凝土楼板上。

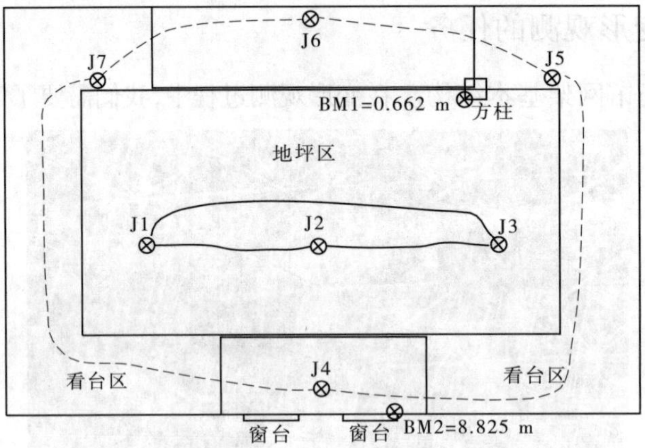

图 6-18 某体育馆水准基点布设

基点高程观测分为地坪区闭合环和看台区闭合环,按三等水准要求进行高差测量。两环之间因高差过大,采用钢尺高程传递方法,使各水准点的高程形成统一的高程系统。

为便于今后对网架变形进行再次观测,在测区内两个高度区域分别布设永久性标志 BM1、BM2 水准点 2 个。

(三)支座水平度和挠度观测

1. 挠度变形观测点位置布设

网架挠度观测点的布设一般由测量人员与网架检测或设计人员共同进行。布设的原则是:根据网架设计资料和图纸,从最大挠度设计值位置点开始,沿设计挠度变化方向由密到疏呈几何形状均匀布设。

如图 6-19 所示为某大楼网架挠度观测点的布设位置。

2. 挠度观测

网架挠度变形值一般采用水准测量方法对下弦球中心进行直接测量或间接测量。所谓直接测量,是指在水准仪具有架设与观测条件的前提下,直接配合水准尺在下弦球顶面立尺进行读数以获得球体高程;而在许多不具备仪器高空作业和通视受阻严重的条件下,可以采用球体下挂钢尺或全站仪三角高程方法间接测量球体中心高程,其中心高程值需要根据观测时的各种几何关系经过不同的换算来取得。

为了避免在观测过程中,立尺点或目标点不稳定(如人行抖动)造成观测数据不可靠,应采用变动仪器高或仪器位置方法进行两次独立测量,以保证测量数据具有可靠的质量。

3. 支座水平度观测

支座水平度变形观测点的选择比较容易,一般根据工作量的大小,沿支座点分布均匀间

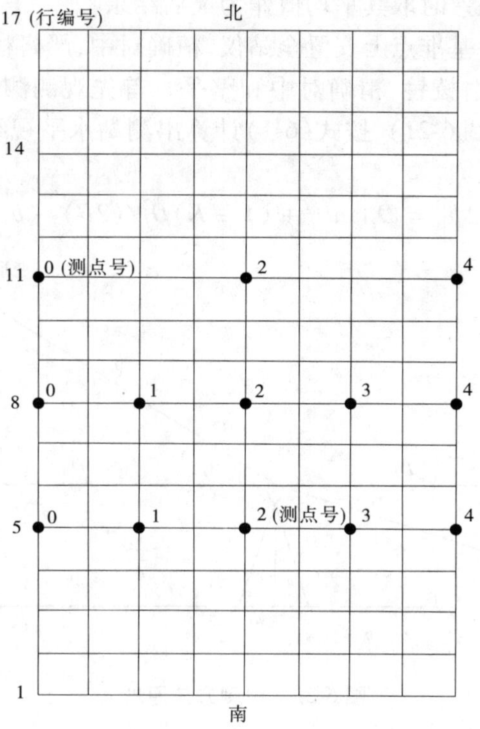

图 6-19　网架挠度观测点的布设位置

隔选择即可。观测方法也与挠度变形点相同。

(四)跨度变形观测

网架跨度的变化是通过测量某直线上支座中心距离的变化获得的,一般采用全站仪对边测量等功能实现。

如图 6-20 在某体育馆网架结构区内选择三排跨度观测点,在支座钢球一侧贴上专用测距反射片作为标记进行跨度变化观测。

测量过程中,采用智能化全站仪测量下弦球的坐标和高程,可以实现速度快、精度高和自动化的更好效果,为变形监测工程任务的顺利完成提供了可靠的保障。

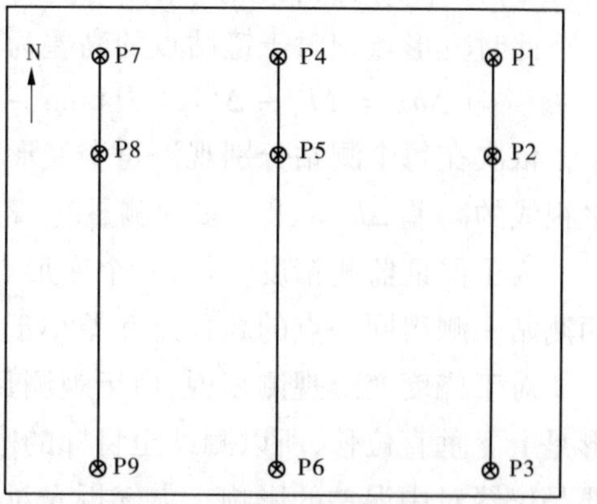

图 6-20　跨度变化观测点布设

三、全站仪法测量网架挠度

(一)测量方法

首次观测时,在变形点上精确安置反射镜,在基准点上用全站仪测定每一变形观测点与基准点之间的高差和水平距离,经平差解算出各点的高程和相对于各基准点的水平距离,作为以后每次变形观测比较的依据,以后要定期进行检测。

这种观测精度要求较高,规范要求必须连续

进行两次观测，互差小于限差时取其平均值作为最后结果。

挠度变形观测时，在一基准点上安置全站仪，精确对中，严格整平，在另一基准点上安置带有对中杆的三脚架和反射棱镜，精确对中和整平。首先观测测站基准点到镜站基准点 i 的斜距 S_i 及竖直角 α_i（见图 6-21），按式（6-1）计算出测站水平视线相对于镜站点地面标志的高差。

$$\Delta h_i = D_i \tan\alpha_i + (1 - K) D_i^2 / (2R) - b \tag{6-1}$$

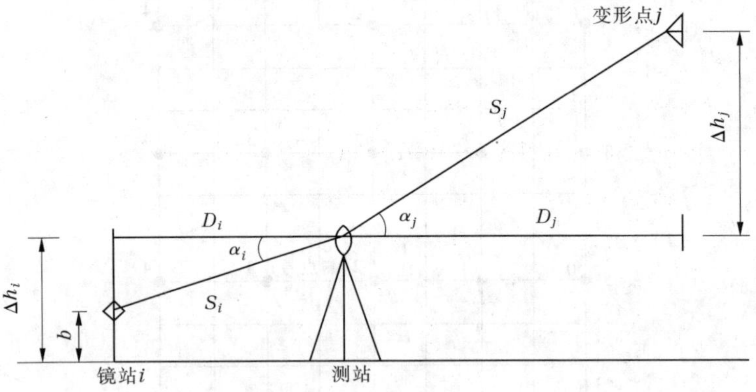

图 6-21　观测方法原理

式中　α_i——视线 i 与水平线之间的竖直角；

b——反射镜高；

K——大气折光系数；

R——地球的平均曲率半径；

D_i——测站、镜站两点间的水平距离。

注意，图 6-21 中 α_i 为负，所以高差为负值。

对观测点的观测，只需在测站基准点上观测变形监测点 j 的竖直角 α_j，由于其相对于测站点的水平距离 D_j 已知（首次观测时已得到），且观测棱镜直接安置在观测点上，则采用式（6-1）计算变形点 j 相对于测站点水平视线的高差时，取 $b=0$。

此时变形点相对于镜站点的高差为：

$$\Delta h_{ij} = \Delta h_j - \Delta h_i = D_j \tan\alpha_j - D_i \tan\alpha_i + (1 - K)(D_j^2 - D_i^2)/(2R) + b \tag{6-2}$$

依次在每个测站分别观测每个变形观测标志的竖直角，计算各观测点相对于测站点水平视线的高差 Δh_{ij}。采用多次测量时，若互差小于方案中的要求，取其平均值。

为了保证监测精度，对每一个变形点都要在两个基准点上进行观测，以便进行检核，在两测站上测得同一点的高程差互差小于 1.4 mm 时，取均值作为最后结果。

对于挠度变形观测来说，由于观测目标固定，反射镜镜高固定，测站固定，目标的挠度变形是上下垂直位移，所以测站至目标的水平距离是不变的。每次观测时水平距离的变化主要是仪器对中误差的影响。大气折光对观测点测量高差值的影响，在变形量比较时可以互相抵消。因此，在进行变形量的每次测量高差计算时，式（6-2）的后两项可以基本不参加计算。

(二)挠度计算

某次观测点 j 的高程为：

$$h_j = h_i - \Delta h_{ij} \tag{6-3}$$

则某一次的挠度变形量为：

$$\Delta H_j = h_{j初次} - h_{j本次} \tag{6-4}$$

(三)精度分析

对式(6-2)进行全微分得：

$$\begin{aligned} d\Delta h_{ij} = &[\sin\alpha_j + S_j\cos^2\alpha_j(1-K)/R]dS_j + [-\sin\alpha_i - S_i\cos^2\alpha_i(1-K)/R]dS_i + \\ &[S_j\cos\alpha_j/\rho - (1-K)S_j^2\cos\alpha_j\sin\alpha_j/(R\rho)]d\alpha_j + \\ &[-S_i\cos\alpha_i/\rho + (1-K)S_i^2\cos\alpha_i\sin\alpha_i/(R\rho)]d\alpha_i + db \\ = &f_1 dS_j + f_2 dS_i + f_3 d\alpha_j + f_4 d\alpha_i + db \end{aligned}$$

根据误差传播定律公式，高差测量中误差为：

$$m\Delta h_{ij} = \sqrt{f_1^2 m_{Sj}^2 + f_2^2 m_{Si}^2 + f_3^2 m_{\alpha j}^2 + f_4^2 m_{\alpha i}^2 + m_b^2} \tag{6-5}$$

在使用高精度全站仪时，如测角中误差 $m_\alpha = \pm 0.5''$，$m_s = \pm(1\ \text{mm} + 1\times10^{-6})$，并控制边长在 50 m 之内，精度基本可达到《建筑变形测量规程》(JGJ/T 8—97)中测站高差观测中误差不超过 ±0.5 mm 的二级要求。

第八节　数字摄影测量法采集变形监测数据

为了克服传统变形测量手段的缺点，以近景摄影测量为基础的非接触测量方法在建筑工程安全监测领域开始受到关注。

本例所介绍的变形监测数字摄影测量方法，采用了 CANON EOS－1DS 型高分辨率非量测全幅数码相机，使用 50 mm 标准镜头，可以对大型和超大型隧道及地下空间的结构变形进行全数字化近景摄影测量，不需在现场布置固定像控点，观测时完全自由设站，现场作业时间短，受施工作业干扰小，在布设足够的监测点后，能够获得监测断面变形的整体信息，具有方便灵活、作业安全的特点，适合于大型和超大型地下工程结构变形的非接触测量。

一、数字近景摄影测量基本原理和方法简介

近景摄影测量通常是指摄影距离在毫米以下至 300 m 距离内的非地形摄影测量，其任务是根据物体的二维影像恢复其三维信息。在本质上，近景摄影测量与工程测量中的前方交会法颇为相似，即根据在不同位置所拍摄的关于同一场景的不同照片，按照立体像对上同名像点所隐含的几何关系，利用类似前方交会的方法确定物点的三维坐标。随着计算机技术和光电子技术的不断进步，近景摄影测量开始采用数码相机特别是非量测普通数码相机，借助计算机图像处理技术，实现了近景摄影测量的数字化。

如果不需要知道物点的绝对坐标，则使用相对定向法是非常方便的。相对定向是指确定立体像对中两张照片的相对位置关系，依据此关系即可通过类似前方交会的方法得到物点在一个任意坐标系中的坐标，通常也称为模型坐标或独立模型坐标，图 6-22 所示为两摄站相对定向时的几何原理。

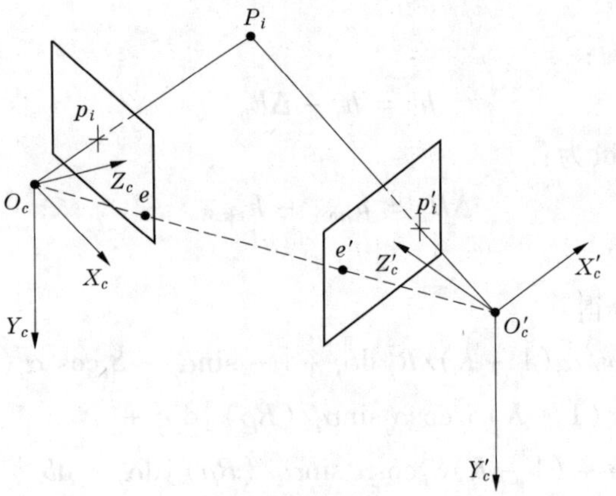

图 6-22　相对定向的几何原理

图中 P_i 为三维空间中的任一点，p_i、p_i' 分别为对应的 2 个像点。$O_c-X_c-Y_c-Z_c$ 和 $O_c'-X_c'-Y_c'-Z_c'-O_c'$ 分别为左、右两照片各自的像空间坐标系。P_i 在两个坐标系中的坐标分别为(X_i,Y_i,Z_i)和(X_i',Y_i',Z_i')，则通过坐标系的旋转和平移变换，可以将物点在不同坐标系中的坐标规划到同一坐标系中，即

$$\begin{Bmatrix} X_i \\ Y_i \\ Z_i \end{Bmatrix} = R \cdot \begin{Bmatrix} X_i' \\ Y_i' \\ Z_i' \end{Bmatrix} + T \tag{6-6}$$

式中　R、T——外定向参数。

确定 R、T 的过程也就是摄像机外定向的过程。如果 R、T 反映的是两张照片的相对位置关系，则定向就是所谓的相对定向。为克服传统相对定向解法形式复杂、不易收敛、求解质量依赖于像控点及其空间分布的缺点，本例采用了基于 P－H 算法的相对定向法。

通过相对定向，获得了反映立体像对相对位置关系的旋转矩阵 R，在引入物方距离控制后即可得到平移矢量 T。随后就可以按照前方交会的原理来求解物方点的坐标，这个坐标可以是相对于左片的像空间坐标系的，通常称为模型坐标。如果已知 3 个以上点的绝对坐标，则可通过坐标变换求出所有点的绝对坐标。

关于物方距离控制，可以通过在现场放置基线尺的方法来解决。为保证精度，可以选用铟钢尺或碳纤维尺。理论上只需 1 条基线尺就可确定监测网的实际尺度，但为了提高精度，可以在现场 3 个互相垂直的方向上放置 3 条或更多条基线尺，以加强控制，保证点位坐标的求解精度。

实际计算时，对于多摄站拍摄的情况，由于误差的影响，交会光线可能并不会聚于一点，那么所求点的坐标就是距各条交会光线距离最短的点。当存在 2 条以上的交会光线（多站摄影的情形）时，可按最小二乘法求解。

由于相机的视场有限，有时不可能只通过一次拍摄即覆盖整个被观测对象，因此实际工作中都是分区拍摄的，按照前面所述的相对定向方法求出每个分区的独立模型坐标，然后根据相邻分区的公共点按照相似变换法进行模型连接，形成整体模型。本例利用相对定向的 P－H 算法，使计算更方便，效率更高。

为了进一步提高观测质量,消除观测的内部不符值,在得到整体模型坐标后,随即进行光束法整体平差。平差时,以整体模型坐标为近似值,由于现场不设像控点,因此误差方程的设计矩阵存在6个秩亏(尺度秩亏已通过现场安放的基线尺提供的已知距离消除),需利用自由网平差原理求解,最后得到平差后的坐标。根据需要,还可根据平差时求得的协因数矩阵和单位权中误差对物方坐标未知数和外定向参数未知数进行精度评定。本例依据P－H算法,给出光束法平差时线性化后的共线方程为:

$$\begin{Bmatrix} v_{rx} \\ v_{ry} \end{Bmatrix} = L \cdot \begin{Bmatrix} W_1 \\ W_2 \\ W_3 \end{Bmatrix} + AR^{\mathrm{T}} \begin{Bmatrix} \mathrm{d}X - \mathrm{d}B_x \\ \mathrm{d}Y - \mathrm{d}B_y \\ \mathrm{d}Z - \mathrm{d}B_z \end{Bmatrix} + \begin{Bmatrix} (x_r) - x_r \\ (y_r) - y_r \end{Bmatrix} \tag{6-7}$$

其中

$$\begin{Bmatrix} x_r \\ y_r \end{Bmatrix} = f_r \cdot \begin{Bmatrix} \dfrac{p}{r} \\ \dfrac{q}{r} \end{Bmatrix} \tag{6-8}$$

$$\begin{Bmatrix} p \\ q \\ r \end{Bmatrix} = R^{\mathrm{T}} \begin{Bmatrix} X - B_x \\ Y - B_y \\ Z - B_z \end{Bmatrix} \tag{6-9}$$

$$L = \begin{bmatrix} -\dfrac{x_r y_r}{f_r} & f_r + \dfrac{x_r^2}{f_r} & -y_r \\ -f_r - \dfrac{y_r^2}{f_r} & \dfrac{x_r y_r}{f_r} & x_r \end{bmatrix} \tag{6-10}$$

$$A = \frac{f_r}{r} \begin{bmatrix} 1 & 0 & -\dfrac{p}{r} \\ 0 & 1 & -\dfrac{q}{r} \end{bmatrix} \tag{6-11}$$

式中 x_r、y_r——像点的像平面坐标值(已进行了镜头畸变矫正);

(x_r)、(y_r)——用各待定参数的初值代入式(6-8)后求得的近似值;

f_r——相机主距;

(X,Y,Z)——物点坐标;

$\mathrm{d}X$、$\mathrm{d}Y$、$\mathrm{d}Z$——物点坐标改正数;

R——通过相对定向求得的旋转矩阵;

$\mathrm{d}B_x$、$\mathrm{d}B_y$、$\mathrm{d}B_z$——平移矢量T的改正数;

W_1、W_2、W_3——确定R的中间参数。

实际的变形值是通过比较监测点在不同期观测中的点位坐标得到的。如果每期光束法自由网平差时都采用相同的近似值,则意味着不同期观测的基准是一致的,因此可以将两期坐标直接进行比较来获得变形量。可见,由于使用了自由网平差方法,可以在各期观测中实现完全自由设站,这对摄影测量方法在现场的方便使用是非常重要的。

本例基于Matlab平台编制了数字化摄影测量的计算机程序。该程序由像点坐标量测模块、基于相对定向的独立模型坐标计算模块、分区光束法平差模块、独立模型连接模块、整体光束法平差模块等功能模块组成,可以完成从像点坐标量测到整体坐标解算的所有过程,计算时的内方位元素使用自行制作的平面标定板进行预先标定。整个坐标求解流程如图6-23所示。

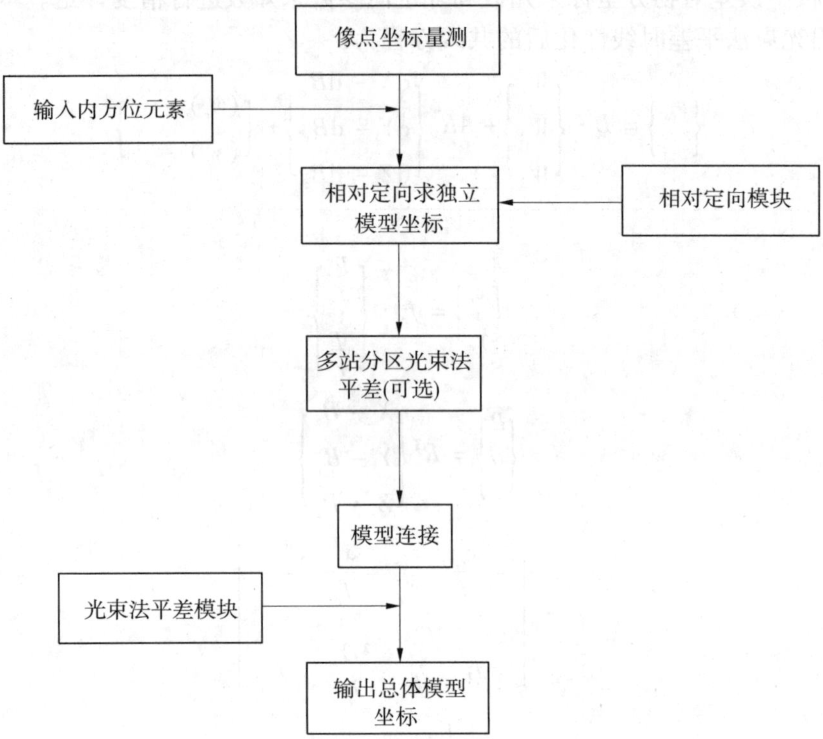

图6-23　坐标求解流程

二、变形监测实施及其精度

(一)现场情况及标志布设

图6-24　特制观测点反光标志

某电站引水发电系统地下主厂房硐室断面尺寸为20 m×18 m,布置了6个观测断面,间距1 m左右,每个断面布置13个观测点。测点使用专门加工制作的反光标志,使用冲击钻打钻孔,以膨胀螺栓牢固安装在隧道硐室表面。测点标志如图6-24所示,这种测点在适当的光照条件下很容易识别,适合在隧道内使用。

使用的数码相机为:镜头焦距为50 mm,CCD分辨率为1 100万像素,CCD尺寸为24 mm×36 mm的全幅非量测数码相机。

（二）监测过程与结果

观测前首先进行相机测前内方位元素标定，标定利用自行制作的标定板结合相应的计算程序进行。标定时要关闭数码相机自动调焦功能，将对焦环调至无穷远位置，并且在整个标定和随后的拍摄过程中保持不动。

为了保证在标定和现场测量时，标定板和监测点在同样的主距下都能清晰成像，要求相机具有较大的景深，因此拍摄采用光圈优先模式，通过采用较大的光圈系数来加大景深。试验证明，合理的光圈系数为 10。拍摄结束后可根据实际情况再进行一次测后标定，以保证标定的可靠性。具体标定结果如表 6-4 所示。

表 6-4　1 100 万像素全幅数码相机内方位元素标定结果

焦距/像素		主点/像素		镜头畸变系数	
f_x	f_y	c_x	c_y	K_1	K_2
5 793.50	5 807.36	1 984.84	1 399.36	−0.142 61	0

现场拍摄时仍然采用分区拍摄的方式，把整个隧道断面分成相互之间有一定重叠度的 6 个区域。

每个区域的范围约为 10 m × 10 m，对每个区域都在不同位置拍摄 5 张照片，共需拍摄 30 张照片。由于使用光圈优先模式，在隧道内拍摄时可能导致曝光时间较长（5 ~ 30 s），因此在拍摄过程中要注意保证相机稳定，不能发生晃动，以确保成像质量。图 6-25 为现场拍摄的照片。

像点量测在个人计算机上进行，使用自行编制的计算机程序可以方便、可靠地获得各像点以像素为单位的坐标仪坐标，经过镜头畸变系数调整可归化到以主点为原点的像平面坐标系上。图 6-26 为在计算机上量测像点的情形。

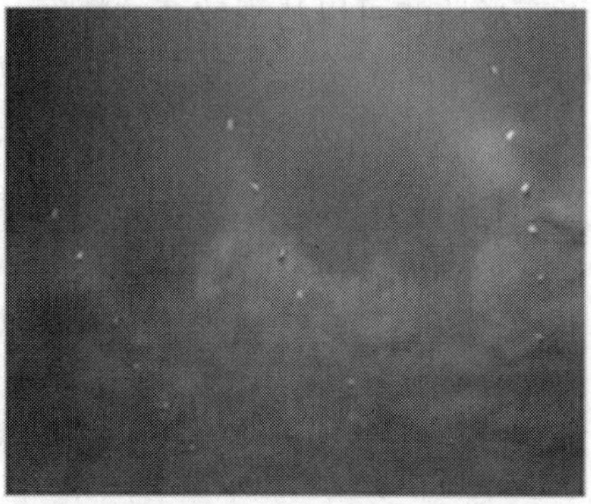

图 6-25　监测现场数据照片

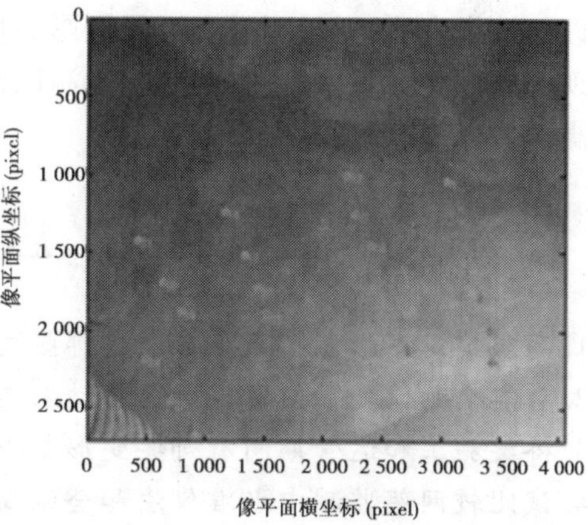

图 6-26　计算机上像点量测

在像点坐标量测结束后，即按相对定向法进行独立模型坐标解算，然后通过模型连接获得总体模型坐标，最后对总体模型坐标进行整体光束法平差，得到最终结果。图 6-27 为根据摄影测量结果展绘出的监测点。

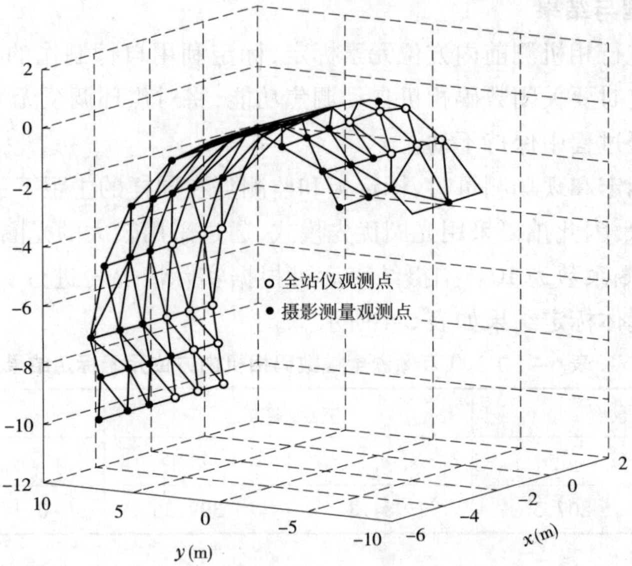

图 6-27　监测点摄影测量结果展绘图

(三)精度对比

为了检验观测精度,对其中的 17 个监测点使用徕卡 TCA2003 型高精度全站仪进行了测量,为了保证精度,采用了双测站对向观测。然后按相似变化方法(已经消除了尺度秩亏,不需要再考虑比例系数)将摄影测量值和全站仪观测值按相似变换法转换到同一坐标系中进行比较,并得均方根误差为:$m_x = \pm 2.41$ mm,$m_y = \pm 2.92$ mm,$m_z = \pm 1.84$ mm。

为了检验摄影测量结果的稳定性,又进行了摄影测量内符合精度验证,即通过间隔很短的两期观测成果的比较,由双次观测得到的点位均方根误差作为衡量内符合精度的指标,具体数值为 $mi_x = \pm 0.98$ mm,$mi_y = \pm 2.40$ mm,$mi_z = \pm 1.20$ mm。

以上结果表明,无量测数字近景摄影测量应用于变形监测可以达到较高的精度。如果改善现场条件,使用更加适宜的照明光源以及增加可量测像点的数目,观测精度是可以进一步提高的,具有较广阔的应用前景。

思考题

1. 高层建筑变形监测布点应考虑哪些因素?
2. 智能全站仪是如何实现数据自动采集和传输的?
3. 桥梁施工和运营期间有哪些变形监测工作?
4. 试比较网架监测中水准仪法和全站仪法,说明各自的特点。
5. 试述用 GPS 技术进行桥梁实时变形监测的特点。
6. 哪些过程是无量测数字近景摄影采集数据的关键?

第七章 变形监测信息系统

第一节 变形监测信息系统实现的功能

变形监测信息系统包括外业观测数据的自动采集、变形观测数据的处理和分析、变形观测原始数据和处理成果的保存、建立数据库、各类变形图件的绘制、预警预报等内容。

一、变形监测系统简介

随着我国经济和社会的快速发展,出现了大量的体型大、超高、异型等建筑物、构筑物,对结构体变形监测要求越来越高,大型建筑物如地铁施工变形监测、混凝土大坝安全性监测、特大型桥梁变形监测等工程,变形监测周期长、监测内容复杂、监测数据种类繁多,而且要求掌握变形体的实时变化,传统的监测手段和监测数据管理方法很难适应建筑物施工、运营等变形监测的要求。科学技术和测绘仪器的发展,使对大型建筑物的变形监测逐步由人工观测转向人工观测和自动化观测相结合,如采用 GPS 观测技术和测量机器人实现实时数据采集,结合通信和计算机技术可实现变形数据的实时采集和处理。同时,由于采用自动化观测技术,加之观测周期长,积累大量的观测数据,仅采用人工对观测数据进行整编和分析,观测资料的管理和分析预报工作十分繁重,而且不能自动进行变形分析预报。目前,大型复杂的工程施工监测和运营,多采用自动化数据采集,并在其基础上实现了自动化监测。变形监测信息系统成为大型工程施工运营监测的方向,变形监测系统是一个集结构分析计算、计算机技术、通信技术、测量传感器、系统控制等高新技术于一体的集成系统,是实现信息化监测的必要手段,系统对各种观测数据进行科学系统的组织、管理和分析,实现变形监测数据的采集、处理、分析以及信息的发布与预警一体化,并向数字化、智能化方向发展。

二、变形监测信息系统功能

建立变形测量系统的目的在于采用计算机技术、通信技术、系统集成技术,实现对数据采集、数据传输、数据分析处理、信息发布、信息化管理。不同的工程在不同的阶段对变形监测系统的要求各不相同,但是要满足三个基本功能:变形信息的获取、变形信息的分析、信息的发布与预警。一个变形监测系统要满足以下功能要求。

(一)外业观测数据的自动采集

变形监测数据采集分为静态和动态两种形式,采集的频率一般可以分为周期性变形监测和非周期性变形监测。周期性变形监测即静态变形监测,主要是采用传统的地面测量方法进行周期性的观测。地表沉降监测、工业与民用建筑物变形监测等常采用这种方式。对于大型复杂建筑网施工和运营安全监测,大型桥梁实时安全监测,大型深基坑监测等采用传统的人工数据采集方法受观测时间、频率的限制,无法满足施工和安全运营的实时监测需要,需要采用 GPS、测量机器人以及其他专用电子仪器进行连续数据采集、实时数据处理方式,同时采用网络通信技术把观测信息传输到计算机进行实时处理,及时对建筑物的变形信息进行处理。变形监测系统实行数据的自动采集功能,能够实现连续、准确、可靠地监测数据采集,满足工程施工、运营等不同阶段对变形监测的要求。

(二)变形观测数据的自动处理和分析

各种测量传感器采集的各种数据通过有线或者是无线系统实时传入系统的中央控制系统,并根据系统主机指令按时间和方式进行数据自动采集,中央控制系统能够自动对接收到的监测数据进行分类,存储到数据库中,并对数据进行自动检验、识别等各种处理。系统使用多种变形分析方法对观测数据进行处理,如时间序列分析、系统辨识、卡尔曼滤波等。

(三)数据维护功能

变形监测系统涉及的数据繁多,包括自动观测的原始数据、人工观测的原始数据、变形监测成果数据和工程本身的设计施工信息等,数据维护功能能够对各种数据进行汇集、整理,使之系统化、规格化,以便于使用分析。系统能够自动接收各种自动测量传感器的数据,也能够以一定的格式接收人工观测数据,特许用户可以通过人机交互方式对数据进行编辑、整理。

(四)各类报表和曲线的自动生成功能

系统应该可以自动从数据库中提取监测数据,生成常用的周报、月报和各类曲线。

(五)相关信息查询功能

监测数据分析人员可以方便地查询到任何监测数据,如某测点在某时间段的观测值、某区段有哪些测点等;监测工作管理人员可以方便地查询到想要的监测相关文档,如某次的监测周报、某标段的监测工作实施方案、某次监测项目部的工作报告等。

在数据管理界面输入监测数据后,系统将自动生成各点位变形发展曲线,以计算机动画形式显示"施工工程—变形发展"过程,并实现了变形监测数据在互联网上的传输、共享、查询、下载等服务。

第二节　变形监测信息系统建立的方法及整体设计

一、变形监测系统需求分析

需求分析是数据库设计的基础阶段。这一步的目标是通过对用户的信息需求及处理需求的调查分析,得到数据库设计所必需的需求信息,即数据库中需存储哪些数据、输入数据的来源、输出数据的格式。

变形监测的主要作用是通过分析监测数据,为监测对象的施工和运营提供安全保障,监测的内容一般包括施工期间的水平位移、垂直位移、地表裂缝,运营期间的水平位移、垂直位移等,采用的仪器包括水准仪、全站仪、测缝计、传感器等。根据监测项目的要求、监测仪器的特点及不同的监测阶段等综合考虑来满足施工阶段安全监测,满足运营阶段安全监测。考虑该分析系统的通用性,结合安全监测的功能与特点,能够对变形体的各种监测数据进行导入、人工输入,能对数据实施数据管理功能,通过查询可方便查出某个测点某个时间段的监测信息,并能对监测成果进行图形化展示,同时能便利地查询到工程相关的设计、施工以及科研文档、设计图纸和相关照片等多媒体资料,能够通过分析模块的预测预报建模对变形体的稳定状态给出直观的显示，为施工管理和运营提供可行、可靠的依据。

二、系统结构与功能设计

（一）系统设计原则

从工程建设和变形监测的功能需求出发，变形信息系统的开发应该遵从如下原则。

1. 变形监测系统的设计与建立与工程的设计建设同步进行

在建筑物施工阶段为施工控制服务，提供安全监测，如在大型建筑物深基坑开挖期间要求为施工提供安全监测，确保施工顺利进行，运营期间为建筑物安全运营提供连续的安全监测。

2. 遵循简洁、实用、性能可靠、经济合理的指导思想

贯彻面向最终用户的原则，建立友好的用户界面，使用户操作简单直观，易于学习掌握。注重采用成熟而实用的技术，使系统建设能产生良好的社会效益和经济效益。系统应具有较高的容错能力，有较强的抗干扰性。对各类用户的误操作应有提示或自动消除的能力，应保证长期安全地运行。系统中的硬软件及信息资源应满足可靠性设计要求。系统应具有必要的安全保护和保密措施，有很强的应对计算机犯罪和病毒的防范能力。

3. 标准化原则，系统应具有可扩展性

任何一个软件都有一个不断使用、扩展、完善的过程，系统的硬软件应具有扩充升级的余地，不可因硬软件扩充、升级或改型而使原有系统失去作用。

4. 模块化原则

将待开发的软件系统分解成若干个小的简单模块，每个模块独立地开发、测试，最后组装成完整的程序，结构清晰，易于理解、维护。

5. 先进性

在实用的前提下，应尽可能跟踪国内外最先进的计算机硬软件技术、信息技术及网络通信技术，使系统具有较高的性能指标。变形监测技术将向高精度、自动化、智能化方向发展，一方面监测仪器的性能（精确性、稳定性、耐用性等）将不断提高，从而提高监测系统的整体可靠性；另一方面监测仪器的自动化水平也将不断提高，并向智能化方向发展。

（二）系统总体结构设计

1. 硬件系统

硬件系统主要包括各种测量传感器、通信系统、中央控制系统、供电系统以及其他防护系统。

（1）测量传感器主要是指安装在变形体上的各种测量仪器，用于监测数据的自动化采集。如GPS接收机采集三维形变数据，测量机器人定期采集角度、空间边长、垂直角等观测量，液体静力水准测量系统采集高程变化量等，传感器还包括轴力记、温度计等其他设备，传感器的选取对监测数据采集质量至关重要，要根据变形量的大小、工程要求来选取满足精度、可靠性要求的测量设备。

（2）中央控制系统（服务器）由布置在监控中心的小型机系统、服务器系统及软件系统组成，用于指挥控制、数据处理分析和预警预报。

（3）通信系统的主要功能是根据相关协议建立各设备之间的物理联系，进行信息传递，负责将传感器采集的各种数据以一定的格式实时传输到中央控制系统，并进行实时处理分

析发布。

(4)辅助系统主要用于系统供电、系统日常安全维护等。

2. 软件系统

软件系统包括数据采集系统、数据存储系统、数据分析系统、帮助系统等。

(1)数据采集软件:完成数据采集、传输和本地存储的工作。

(2)通信接口系统:实现中央控制系统计算机与传感器之间的数据传输。

(3)数据处理服务器软件:完成数据接收、控制、数据处理、数据显示、数据评估及预警等工作。

(4)数据存储系统软件:完成数据存储和管理工作,对原始观测数据、历史数据、成果数据、报警信息进行管理和保存。

三、系统功能模块设计

监测数据管理采用工程化管理方法,针对每个监测工程,建立不同的数据文件。数据和信息均以数据库形式进行存储,按监测点名、监测周期建立数据索引。在对监测数据进行计算、查询或分析时,统一从数据库文件中调用数据。同时,所有的数据和信息文件都可以进行实时地修改与更新。变形监测数据处理系统的结构如图 7-1 所示。

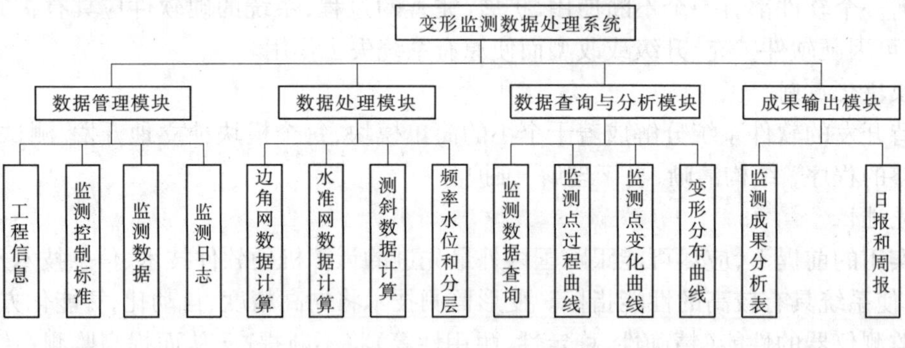

图 7-1　变形监测数据处理系统的结构

(一)监测数据采集模块

采集模块的功能主要包括监测数据的自动化采集、自动测量传感器的设置、手工数据录入、数据维护等。

(二)信息查询

(1)监测工程项目有关的工程文档查询,工程设计图纸,监测实施方案,监测周报、月报记录。

(2)监测数据查询,可以查询任意测点在任意时间段的监测数据和监测结果。

(3)外业监测信息查询,监测仪器的运行状态。

(三)数据处理分析模块

数据处理分析模块主要是对数据进行处理,为数据输出做好准备。

(四)报表及各种曲线生成

(1)输出,周报、月报生成,实现每周、每月月报的自动生成。系统根据用户的需求选择周报、月报,自动从后台数据库中调出监测结果,按照一定的格式形成表格,供用户浏览、打印。

(2)各类报表和曲线的自动生成,根据用户选择的测点、测段,在选定的时间段自动生成改点的变形—时间折线图,选定特点模型自动绘制各种拟合曲线。对监测数据采用多种模型绘制变形回归曲线用于用户分析决策。

(五)帮助系统

提供了在线帮助文件,对软件的操作进行说明,并对常见问题进行了详细的解释。

第三节 变形监测信息系统的特点

(1)在每一个监测工程下,所有的监测点属性数据、初始数据、观测数据和原始观测数据都可以进行统一管理,同时以监测点名和监测周期为数据库索引,提高了数据查询和分析的效率。对于数据查询得到的数据表格及变化曲线图,可以有选择地存储到数据库中。

(2)集成化的数据处理。施工变形监测项目内容多,数据采集除使用常规的测量仪器外,还有测斜仪、频率接收仪等仪器设备。为了对观测数据进行统一的数据处理和成果管理,系统数据处理模块集成了边角网、水准网、测斜仪数据、频率仪数据、分层沉降仪数据和水位仪数据的计算和平差功能。用户可以在一个软件平台上进行所有观测数据的导入和处理,不同数据间的调用也更为方便,极大地提高了数据处理工作的效率。

(3)全面直观的数据查询与分析。在施工变形监测时,我们更多地是对观测数据进行查询和分析。系统数据查询和分析模块除可以进行多种数据报表查询外,还提供了监测点过程曲线、变化曲线、分布变形曲线的图形绘制功能,并对超出警戒值的监测点进行红色报警标记,从而保障用户可以全面准确地掌握基坑的结构状态和变化趋势。

(4)方便快捷的成果报表打印。变形监测时需要进行大量的日报、周报和月报的成果输出与打印。在施工变形监测数据处理系统中,用户只要在数据查询和分析模块中输入日报、周报和月报的起止周期,保存查询的图表结果,然后在成果输出模块中导入存储的图表结果文件,即可以按自定义的文件格式进行报表打印。

第四节 工程实例

一、华测 GPS 桥梁变形监测系统

(一)GPSensor 软件简介

桥梁在长期的使用过程中难免会发生各种结构损伤老化,原因可能是使用维护不当、车祸事故、交通量高于预测流量等人为因素,也可能是环境腐蚀、地震、风暴等自然灾害,这些因素均导致了桥梁承载能力和耐久性的降低,甚至影响到了运营的安全。GPS 自动化变形监测系统包括监测单元、数据传输和控制单元、数据处理分析及管理单元,可以实时显示大桥在各种工作环境下及结构载荷下特征点及整桥的实时变形情况,对大桥结构的健康状况、结构安全进行评估,全面获取桥梁运营状况的信息,用来评估结构的安全性、耐久性和使用性。

GPSensor 软件是由上海华测导航技术有限公司基于全球卫星定位系统并利用现代通信技术进行的实时与准实时 GPS 原始数据分析、处理、独立环网平差及数据管理等功能研发的系统软件。该软件对于人工建筑或其他物体(比如滑坡、大坝、尾矿、大型桥梁、采空区等)的变形自动化监测具有非常重大的现实意义。

1. GPSensor 的软件界面介绍

在正常情况下,GPSensor 是在服务器端进行复杂的计算的,用户不需要去浏览这些窗口。但在系统安装阶段或者系统出现故障时,这些窗口提供的信息能帮助我们迅速地解决问题。

2. 数据监控窗口

通过接收机数据监控窗口可以观察串口和相关网络传来的数据的格式、数据的更新率、数据包的大小等,管理员通过这些信息(见图 7-2)可以快速地判断系统的通信是否正常。

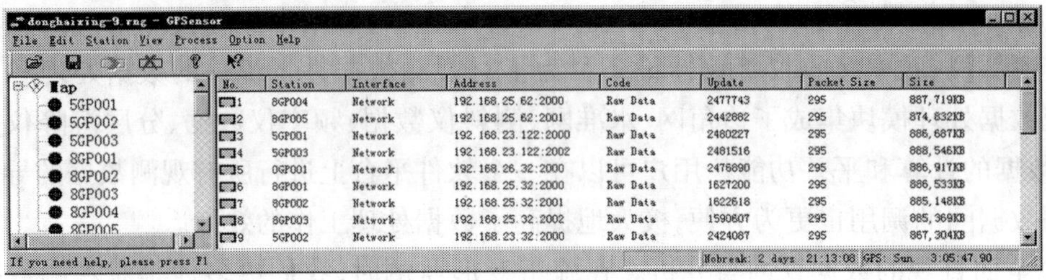

图 7-2 数据监控窗口数据

3. 接收机监控窗口

通过每秒更新一次的接收机监控窗口(见图 7-3),管理员就能知道接收机跟踪的卫星数量、接收机的钟差、卫星的信噪比等接收机的关键信息,以确定接收机的工作状况、信号质量等。

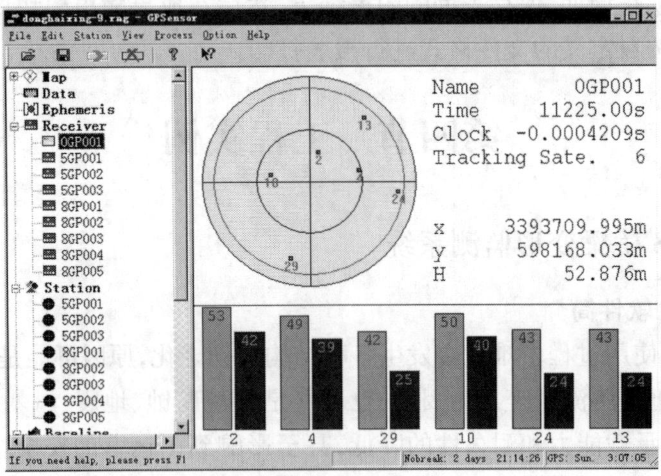

图 7-3 接收机监控窗口

4. 监测站变形曲线窗口

图 7-4 是某悬索桥 3/4 跨的变形曲线。GPSensor 可以精确地反映桥梁的变形情况。

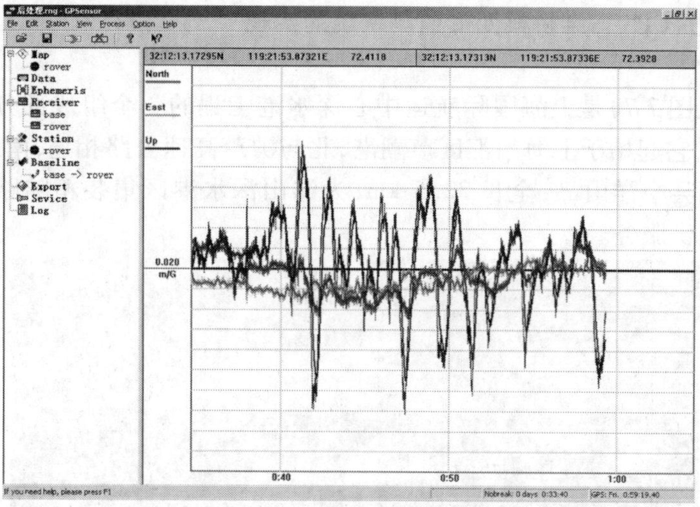

图 7-4　监测站变形曲线

5. 基线窗口

通过基线窗口(见图 7-5),管理员能够快速地知道软件的解算状态。

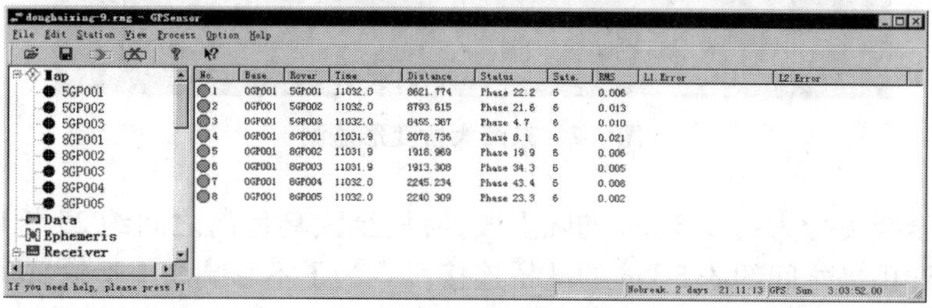

图 7-5　数据处理过程

6. 日志

GPSensor 能够自动记录数天来的系统工作状况(见图 7-6),供管理员进行分析处理。

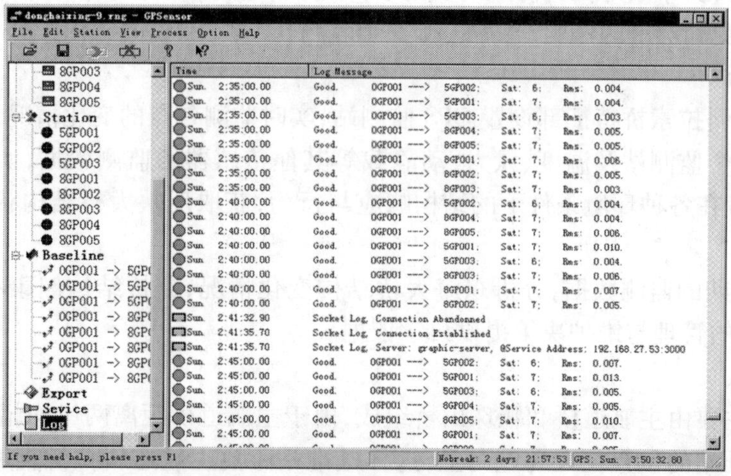

图 7-6　数据自动采集过程

（二）东海大桥 GPS 三维桥梁变形监测系统的实现

1. 项目背景

东海大桥（见图 7-7）是上海国际航运中心深水港工程的一个组成部分，被上海市政府列为“一号工程”，它起始于上海南汇区芦潮港，北与沪芦高速公路相连，南跨杭州湾北部海域，直达浙江嵊泗县小洋山岛，全长 32.5 km，为洋山深水港区集装箱陆路集运和供水、供电、通信等需求提供服务。

图 7-7　东海大桥变形监测

东海大桥全线可分为约 2.3 km 的陆上段，海堤至大乌龟岛之间约 25.5 km 的海上段，大乌龟岛至小洋山岛之间约 3.5 km 的港桥连接段。为了不影响海上运输，该桥分别在海堤至大乌龟岛和大乌龟岛至小洋山岛设计了跨度约 400 m 的主航道斜拉桥和 300 m 的颗珠山斜拉索桥。

斜拉索桥相对于传统桥梁而言，受温度、风、动静荷载等外因影响加剧，特别是东海大桥的两个斜拉索桥，长年累月受到海风的吹拂、海水的浸泡腐蚀，特别是还会经常受到台风的肆虐，其稳定性受到严重的考验，急需进行安全监测。

2. 监测目的

（1）通过在斜拉索桥特征部设置 GPS 监测站，实时监测各点的变化情况及运动规律。

（2）结合多个监测站及温度、风力、动静载等其他传感器的监测数据，实时监测东海大桥桥梁运营阶段在各种环境条件下的结构响应与行为，获取反映大桥结构状况和环境因素的各种信息。

（3）通过长期的监测数据，分析东海大桥结构变化情况，分析结构健康状态，评估结构可靠性，为桥梁的管理与维护决策提供科学依据。

3. 系统组成

东海大桥主要由主航道桥和颗珠山桥组成，由于主航道桥距离两岸均超过了 10 km，唯一合适架设基准站的位置在大乌龟岛上，这样基准站距离主航道斜拉桥直线距离为 9 km，而距离颗珠山桥直线距离约 2 km。

8 个监测站分别架设在两座斜拉桥上。其中，主航道桥设 3 个监测站，2 个桥塔顶各设

1 个，跨中桥面设 1 个；颗珠山桥设 5 个监测站，4 个塔顶各设 1 个，跨中桥面设 1 个。

该系统采用的 GPS 接收机为 Trimble 5700，GPS 天线为 Trimble Zephyr 大地测量型天线，接收机和天线安装时既要考虑避免遮挡，又要防止雷击。每个 GPS 天线接收到的射频信号通过一根最长为 170 m 的同轴电缆送给 GPS 接收机。

Trimble 5700 双频大地测量型 GPS 接收机共有三个输入输出端口，其中串口既能外接电源供电，又能输出最高更新率为 10 Hz 的 RT17 格式的原始数据，其中包括 C/A 码和 L1、L2 的载波相位。串口服务器收到端口输出的数据后，再通过 RJ45 口接入机柜中的交换机。

东海大桥变形监测系统由监测单元、数据传输和控制单元、数据处理分析及管理单元三部分组成。这三部分形成一个有机的整体，监测单元跟踪 GPS 卫星并实时采集数据，数据通过通信网络传输至控制中心，控制中心相关的软件对数据进行处理并分析，实时监测桥梁的形变，并将监测结果保存到数据库中，以及实时发送给监测终端。软件的部分主页面如图 7-8所示，软件自动生成的变形曲线如图 7-9 所示。

图 7-8　东海大桥监控软件的功能

二、徕卡 TCA 机载自动监测系统

（一）徕卡 TCA 机载自动监测系统简介

徕卡 TCA 机载自动监测系统（见图 7-10）主要实现变形监测中对水平角、垂直角、距离的自动化监测，并通过数据处理软件对数据进行后处理，通过友好的用户界面，尽可能减少用户的操作和干预。用户只需输入测站名、各项限差（仅第 1 次）、学习测量各目标点（仅第 1 次）、概略瞄准第 1 个方向后，即可完成所有测回的观测；处理包括观测中突然断电在内的多种意外情况；观测结果以二进制格式存储，避免人为篡改。

（二）系统构成

采用徕卡 TCA 系列全站仪作为硬件平台，GeoBasic 2 · 29 作为开发工具，软件由 4 个模块构成，即配置模块、学习测量模块、查看目标点模块和自动测量模块。

（1）配置模块：用于设置测站名、各项限差及总的测回数，每次观测前必须进行正确设

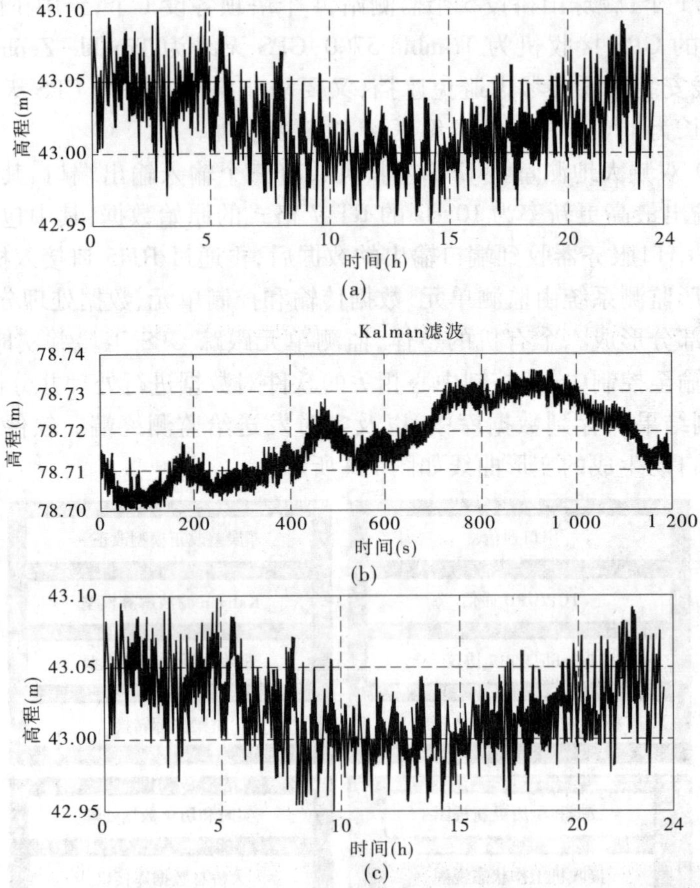

图 7-9　颗珠山桥中跨 24 h 变形曲线

图 7-10　徕卡 TCA 机载自动监测系统

置，各项的默认值为最近使用的设置，如图 7-10(a)所示，通常情况下，用户只需修改测站名或直接确认即可。各项限差和测站名不得为空，设置完毕后按“CONT”按钮自动保存，并作为下次使用时的默认值。

(2)学习测量模块：用于设置待观测的目标点信息及观测周期号，如图 7-10(b)所示。

对于同一个测站，只需在第1次观测时进行学习测量，学习结果自动保存在PC卡内，自动观测时程序自动调用该结果。盘左状态下，顺时针依次瞄准并测量各目标点，完毕后按“CONT”按钮自动保存学习结果。

(3)查看目标点模块：查看学习测量模块中设置的各目标点信息。

(4)自动测量模块：为全自动大坝变形监测软件的核心模块，用来实现水平角、垂直角、距离的自动观测以及各项误差的自动判断和处理。

(5)数据处理模块：用于内业的数据处理，自动成果数据成表、成图(见图7-11、图7-12)。

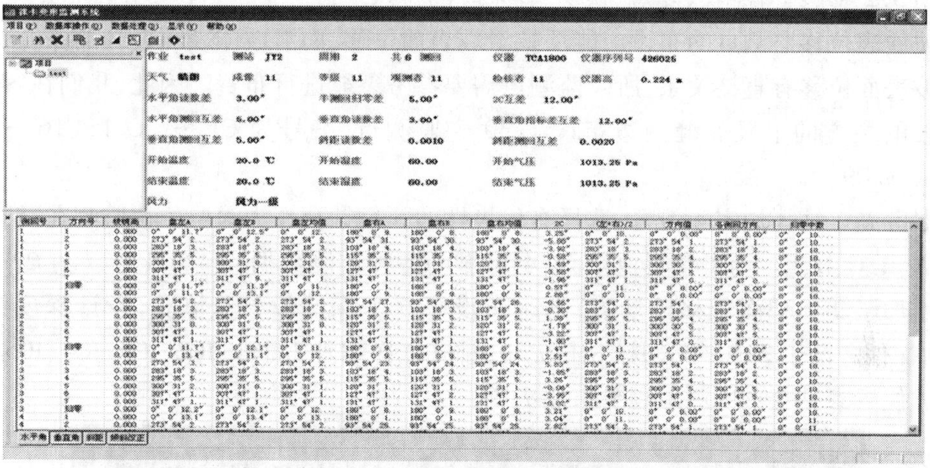

图7-11 自动生成成果数据表

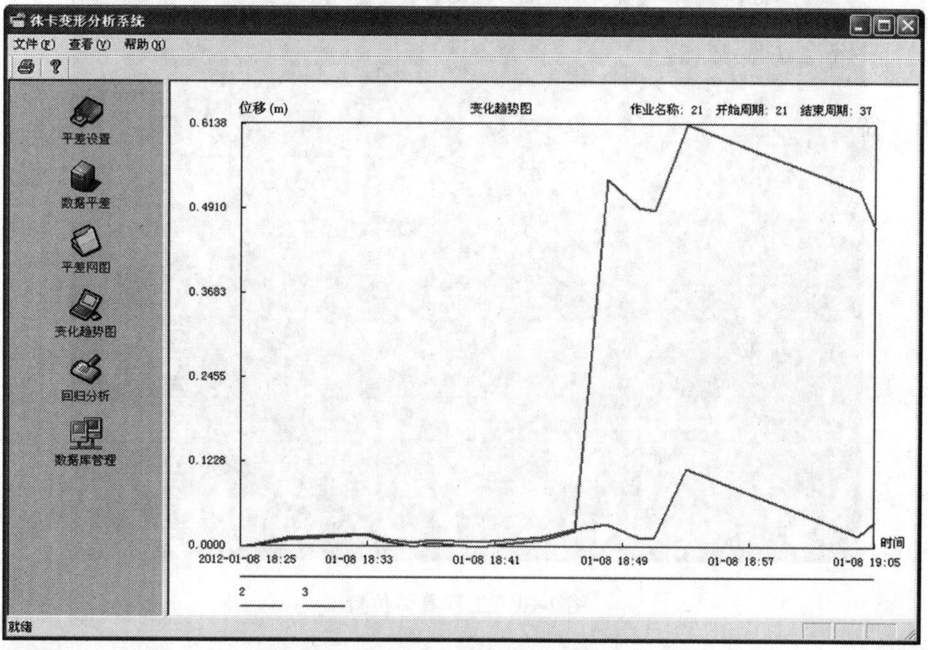

图7-12 自动生成成果图

三、滑坡隐患灾害防治工程变形监测系统

滑坡隐患灾害防治工程变形监测工作主要包括钻孔深层位移监测和监测点平面位移监测两部分。截至目前，作业单位已进行了 9 个月的变形监测工作。本次监测区域为安置点西北方向的一个山体，山体滑坡范围约 20 000 m^2，高差约 80 m，山体平均坡度为 30°，在半山坡处有一平均宽 30 cm、长约 30 m 的裂逢。

作业区属亚热带季风气候，四季分明，雨量充沛，年平均气温 14.2 ℃，1 月为最冷月，平均温度为 3.2 ℃，具有冬长、夏短、秋早、春来晚的特点。

滑坡地表位移监测点的布设应能反映滑坡表面位移，而滑坡体表面裂缝的张合、上下错动跟滑坡表面位移有直接关系，所以监测点需要参考裂缝进行布置。因此，我们在容易发生山体滑坡的主方向上及裂缝两边布设了 30 个监测点，编号为 C1，…，C11，C16，…，C26，C28，D1，…，D9。

根据已施工钻孔的实际位置，选择有代表性的 5 个钻孔作为深层位移监测孔，钻孔依次编号为 A、B、C、D、E。为了获得更全面、更可靠的各种监测数据，于 2011 年 7 月 22 日在村庄后山增加了 9 个平面位移监测点，同时布设了 6 个深层位移监测孔，设计深度为 40 ~ 50 m（钻探任务已于 2010 年 8 月 18 日完工，钻孔依次编号为 JC1、JC2、JC3、JC4、JC5、JC6）。工程具体位置参见变形监测工程分布图 7-13。

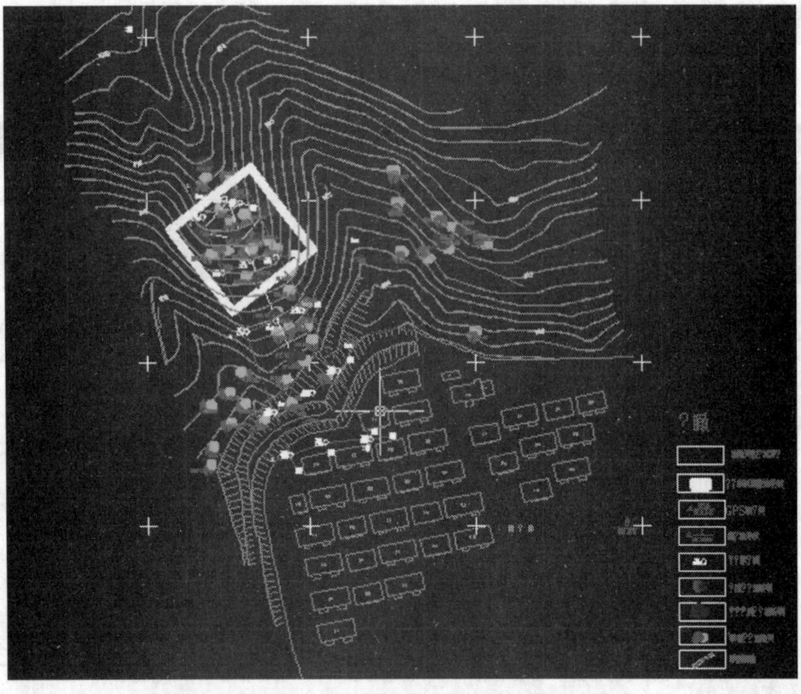

图 7-13　工程具体位置

部分数据成果（以 E 号孔为例）如表 7-1 所示，经内业软件处理后的数据效果图如图 7-14所示。

表 7-1　E 号孔位移新缆绳观测数据(第 38 次)　　观测日期:2011-09-26

孔底(m)	仪器观测值(MV)		变化值						
	A 正	A 负	第一次观测值(mm)	上一次观测值(mm)	本次观测值(mm)	本次位移量(mm)	新缆绳累计位移量(mm)	旧缆绳累计位移量(mm)	累计位移量(mm)
28.5	620	-526	28.725	28.650	28.650	0	-0.075	0.250	0.175
28.0	601	-571	29.850	29.375	29.300	-0.075	-0.625	0.425	-0.200
27.5	617	-587	30.825	30.000	30.100	0.025	-1.350	0.175	-1.175
27.0	627	-600	33.050	30.525	30.675	0.175	-3.725	-2.675	-6.400
26.5	669	-632	38.175	32.925	32.525	-0.225	-9.375	-3.225	-12.600
26.0	783	-749	38.075	38.200	38.300	-0.125	-9.150	-2.825	-11.975
25.5	781	-743	38.325	38.150	38.100	-0.175	-9.375	-2.025	-11.400
25.0	777	-743	35.650	38.225	38.000	-0.400	-7.025	2.275	-4.750
24.5	738	-715	27.775	36.225	36.325	-0.300	1.525	4.000	5.525
24.0	579	-547	28.200	27.975	28.150	-0.125	1.475	4.050	5.525
23.5	577	-545	27.975	27.925	28.050	0	1.550	4.250	5.800
23.0	564	-539	27.575	27.850	27.575	-0.275	1.550	4.250	5.800
22.5	571	-538	29.375	27.425	27.725	0.025	-0.100	3.100	3.000
22.0	608	-568	30.575	29.425	29.400	0	-1.275	2.900	1.625
21.5	626	-589	31.850	30.200	30.375	0.175	-2.750	2.650	-0.100
21.0	657	-622	33.400	31.725	31.975	0.425	-4.175	2.400	-1.775
20.5	689	-651	30.225	33.775	33.500	0.150	-0.900	3.900	3.000
20.0	619	-585	28.875	30.100	30.100	0.150	0.325	4.250	4.575
19.5	591	-556	27.050	28.500	28.675	0.325	1.950	4.375	6.325
19.0	556	-520	27.375	26.875	26.900	0.350	1.475	2.475	3.950

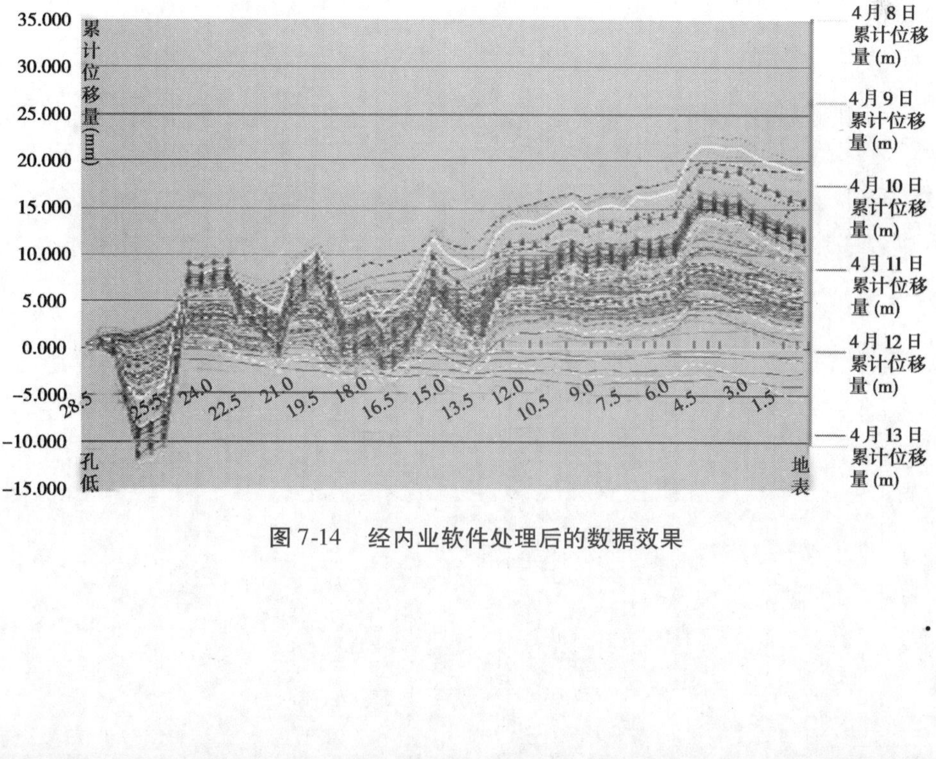

图 7-14　经内业软件处理后的数据效果

第五节　自动监测处理系统优点

(1)不需要接触测点,从而避免了传统监测方法的缺点,同时具有快速、省力、数据处理自动化程度高等优点。

(2)建立高精度的基准点,采用实时差分式的测量方案,可以最大限度地消除或减弱多种误差因素,从而大幅度地提高测量结果的精度。

(3)简化了气象等附加设备,为系统在计算机的控制下实现全自动、高可靠的变形监测,创造了有利条件。

(4)在无人值守的情况下,可以实现全天24 h连续地自动监测,节约了大量的人力。

(5)实时进行数据采集、数据处理、数据分析、报表输出及提供图形等。

(6)在短时间内同时求得被测点位的三维坐标,因此根据设计方案的要求,可作全方位的预报。

(7)针对变形监测任务,专门设计了“汛期监测”子模块。

思考题

1. 变形监测信息系统的功能有哪些?

2. 变形监测信息系统的结构包含哪些?

3. 变形监测信息系统硬件系统包含哪些? 其各自的功能是什么?

4. 简述GPSensor及徕卡TCA机载自动监测系统在工程实例应用中的优势。

5. 比较自动变形监测系统与传统监测系统的不同。

6. 查阅相关资料了解国内外自动变形测量系统,总结比较不同点。

参考文献

[1] 岳建平,方璐. 变形监测理论与技术研究进展 [J] . 测绘通报 2007(7).
[2] Zou – Zili. Discussion about the method of monitoring and forecasting of geological disasters ISM12th ,2004. 9
[3] 邹自力. 边坡监测与变形分析[J] . 江西测绘,2004(3).
[4] 邹自力. 钢结构网架挠度形变检测[J] . 江西测绘,2006(4).
[5] 邹自力. 基于加权组合模型的沉降预测讨论[J] . 城市勘测,2010(1).
[6] 邹自力. 基于 MO 的土地利用规划管理信息系统的设计与实现[J] . 东华理工大学学报,2009(2).
[7] 邹自力. 基于 MGE 管理的地形图数据转换到 ArcGIS 平台的方法及实现[J] . 城市勘测,2007(3).
[8] 邹自力. RTK 航道疏浚应用及工程坐标转换参数的获取[J] . 北京测绘,2005(2).
[9] 邹自力. 实时差分 GPS 定位技术在疏浚工程中的应用[J] . 西部探矿工程,2005(7).
[10] 张正禄,等. 工程测量学[M]. 武汉:武汉大学出版社,2005.
[11] 岳建平,田林亚. 变形监测技术与应用[M]. 北京:国防工业出版社,2006.
[12] 苏怀智,吴中如. 大坝工程安全监测仪器优化设计[J]. 南昌工程学院学报,2005(3).
[13] 赵志仁. 大坝安全监测设计[M]. 郑州:黄河水利出版社,2003.
[14] 高改萍,等. 测量机器人变形监测自动化系统[J]. 人民长江,2005(3).
[15] 张加颖,等. 基于 TCA2003 全站仪的变形监测系统的研究[J],中国矿业,2005(4).
[16] 何秀风,等. GPS 一机多天线变形监测系统[J]. 水电自动化与大坝监测,2002(3).
[17] 吕刚. 大坝安全监测技术及自动化监测仪器、系统的发展[J]. 大坝观测与土工测试,2001(3).
[18] 李宏男,李东升,赵柏东. 光纤健康监测方法在土木工程中的研究与应用进展[J]. 地震工程与工程震动,2002(12).
[19] 黄其欢,何秀凤. D – InSAR 技术及其在监测地表形变中的应用[J]. 全球定位系统,2005(3).
[20] 张正禄. 大坝安全监测、分析与预报的发展综述[J]. 大坝与安全,2002(5).
[21] 陈永奇,等. 变形监测分析与预报[M]. 北京:测绘出版社,1998.
[22] 吴中如,顾冲时. 大坝安全综合评价专家系统[M]. 北京:北京科学技术出版社,1997.
[23] 赵斌,赵志勇,邱小弟,等. 小湾水电站安全监测自动化系统的总体设计[J]. 水电自动化与大坝监测,2008(6).
[24] 李青岳,等. 工程测量学[M]. 北京:测绘出版社,2005.
[25] 建设部综合勘查研究设计院. JGJ/T 8—97 建筑物变形测量规程[S]. 北京:中国建筑工业出版社,1998.
[26] 尹晓东,李保平,等. 变形监测技术与应用[M]. 郑州:黄河水利出版社,2007.
[27] 于来法,杨志藻. 军事工程测量学[M]. 北京:八一出版社,1994.
[28] 吴子安. 工程建筑物变形观测数据处理[M]. 北京:测绘出版社,1989.
[29] 薛志宏,等. GPS 在雅碧江卡拉电站滑坡监测中的应用[J]. 测绘工程,2007(2).
[30] 武文波,等. 采用全自动全站仪的滑坡监测系统研究[J]. 仪器仪表学报,2004(4).
[31] 梁杨兴,等. 广州地铁二号线调整工程位移沉降监测与分析[J]. 山西建筑,2008(8).
[32] 姜杰,等. 水布垭电站尾水隧洞围岩变形监测与稳定分析[J]. 武汉理工大学学报,2005(12).
[33] 包欢,等. 自动变形监测系统在地铁结构变形监测中的应用[J]. 测绘学院学报,2003(2).
[34] 蒋志坚. 昆明某小区高层建筑变形测量[J]. 城市勘测,2007(4).
[35] 田胜利,等. 隧道及地下空间结构变形的数字化近景摄影测量试验研究[J]. 岩石力学与工程学报,2006(7).

参考文献

[illegible]